U0142140

最實用

圖解

◆第四版◆

突破Facebook粉絲團社群經營瓶頸

網路行銷講師

蔡沛君 著

書泉出版社 印行

推薦序一

作者蔡沛君老師是網路行銷講師班第四期的學員之一。培訓過程當中，她總是針對授課講師的內容勤做筆記、勤發問題。她更根據過去自己本身在行銷職場上的實務經驗，將理論與實務融會貫通寫出此書。如今，她根據自己所吸收以及實務的社群經營操作，務實剖析各項社群經營的關鍵，整理成書，非常適合各個領域在經營社群時，導引實務分享的書籍。

臉書的內容才是真正社群經營的精髓，如何掌握社群經營當中的幾個多媒體關鍵，是蔡老師希望提供給各位讀者的重點。經由真正了解社群（不是只有 FB）的概念，延伸在幾個大社群平台的比較與差異性，並經由在社群發出的文案方法、特色、技巧，找出幾個失敗的案例或成功的案例，引申出發文文案本身的標題精華，才是真正的關鍵字。

書中也提到了，圖片才是真正消費者的眼睛（吸睛）關鍵點。從一般消費者（網友）的色彩心理學的切入點，剖析本身圖片的構圖原理，以及各學派的理論基礎與應用，衍生出常見的失敗原因與導正可以成功的案例。當然，這幾年網路上也非常流行影片，造就出許多網紅與知名的 YouTuber。雖然你我並非是大網紅（或 YouTuber），但是可由基本的幾個影片製作要件運用，甚至由社群當中的影片分享與討論，引起更多注意力，也是本書的重點單元。

任何在網路所散發的資訊，大家都希望可以受到青睞，如何掌握發文的時間點，也是蔡老師非常強調的部分。多久發一次？什麼時候發文？如何運用臉書舉辦活動？短影片如何擴散與爆紅？都是書籍本身想要提供給讀者的資訊。另外，運用與網友有效的互動，並由互動當中觀察各項數據報告進而修正不足的部分，更運用了直播機制增加影像的互動性。網友的口碑更是行銷的利器，也是最好的客服人員。在闡述一件事情時，運用故事行銷方式來導引網友（消費者），乃是最佳的運用手法。

一開始定位清楚了，行銷、社群就好做了！這也是品牌的關鍵點。定位清楚就可以把服務及商品訊息傳遞給「對的消費者」（網友），這是作為行銷人員一定要有的態度。當然，社群的經營往往會遇到酸民（社群的語言暴力等），任何企業與經營粉絲團的小編都不可忽視！危機處理有一定的SOP，尤其在網路上，許多網友的眼睛都會盯著看、甚至截圖，因此誠實為上！

給各位有心經營好社群的讀者一個忠告：一位好老師的經驗，可以讓你少三年的時間去摸索與面對挫折，更可以快速地抓到社群經營的重點。

強烈推薦蔡沛君老師的這一本書！

葉松宏

臺灣外貌資訊社　社長

中華網路行銷講師協會　創辦人

中華網路行銷講師協會　榮譽顧問

馬來西亞網路營銷暨跨境電商首相府　顧問

推薦序二

早期中小企業接外貿訂單，不外乎是「一卡皮箱」走天下，出國參展、拜訪客戶找尋獲取訂單的機會。近年跨境電商平台風潮興起，行銷的網路平台跟工具充斥，要拿國外訂單也無須出國參展，只要善用網路工具跟跨境電商平台，即可達到獲取訂單的目的。

在網路快速發展之下，使得中小企業投入國際貿易的門檻相對比以前低。優點是善用跨境電商平台，可以快速獲取客戶，多元行銷工具會讓企業運作更便捷且有效率，進而節省企業主的時間成本；缺點是太多的電商平台、行銷工具充斥市場，每一個平台或工具都需要投入大量的時間摸索，且須練習才會看到其綜效。

以往中小企業外銷宣傳的媒體，不外乎透過付費媒體（paid media），例如：平面廣告、網路廣告；自媒體（own media），例如：公司官網、社群媒體；贏得媒體（earn media），例如：電視媒體。透過不同屬性的媒體，將潛在買家的流量引導到預先設定的著陸頁（landing page），達到行銷或推廣的目的。在這樣一個生態中，社群媒體在其中無疑扮演重要的引流角色。

認識沛君是在青創總會舉辦的網路行銷講師班，我長她兩屆。

欣聞沛君要出版跟社群內容相關的書籍，除了為她開心外，也覺得她一路的努力終於被看見。沛君長期浸淫在網路社群跟文案內容的領域，並不斷在社群平台發表文章及看法，很高興她願意把自己一路摸索過程中，領悟到的知識跟內容集結成書，可以讓有志往社群內容行銷發展的朋友少一些摸索的路。

市面上不乏社群內容的書籍，但我認為此書有幾個特點：

一、化繁為簡：將複雜的內容以簡潔的文字加上操作圖，變得淺顯易懂，即使剛接觸社群不久的讀者，也會很容易了解。

二、強調作中學：操作步驟明確，搭配臉書社群平台操作截圖的畫面，讀者可以按圖操作，即可學會平台的相關功能，減少自己摸索時間。

三、用案例說明：書中除了作者臉書操作的案例外，也引用了網路上成功跟失敗的案例，分析成功及失敗的原因，讓整本書可讀性很高。

四、內容編排：內容章節編排採循序漸進、通俗易懂，讓讀者知其然，亦知其所以然。

藉由深入淺出的案例講解與操作引導，值得有興趣從事社群內容行銷的人閱讀，亦可以根據個人的需求參考，進一步實踐。

蔡豐全

臺灣網商協會　顧問

勞動力發展署桃竹苗分署 微型鳳凰創業　顧問

中華職能開發策進會　顧問

推薦序三

社群行銷是每位數位行銷從業人員，不管是產品介紹、開箱文、影片拍攝腳本／後製字幕，甚至是公司的企劃，除了基本的行銷技能外，社群內容的威力（包含文字、圖片、影片）所影響產業深度不容小覷。但在此刻臉書「巨變」之下（觸及率節節下降），小編們應該怎麼應變呢？經營臉書就變成了成敗的關鍵。

我是一位臉書廣告行銷老師，在 2015 年開始經營臉書社團「網路行銷學習區」，一開始只是簡單的分享關於付費流量的一些心得，不知不覺已邁入第三個年頭了，在這段日子裡的經營，到底做對了哪些事情，很巧妙的與本書所提到的「發文頻率」、「有效互動」、「社群定位」有環環相扣之處，讓我得到更多的用戶，紛紛推薦好友加入，當然鐵粉也漸漸的成長向上，重點是一塊錢都沒有花到！這也是為什麼有更多人需要學習社群經營的原因了。

所以，我要恭喜你選擇這本《圖解臉書內容行銷有撇步》，不僅僅是針對臉書個人、社團、粉絲團的分析外，更是深入剖析臉書粉絲專頁。書裡面將會完整介紹，各種簡單至複雜又很重要的臉書粉絲專頁行銷流程策略以及技巧、注意事項，大部分的案例都是在實戰過程中得到深刻的經驗、功效，務必熟讀且注意每個使用的細節，可大大節省行銷成本。一旦遵照這些方法開始，將可以有效為你的生意帶來顯著的提升，會發現到原來在社群的加持下，行銷力還能比以往更省力，進而去影響到付費流量的成效品質，這是很多數位行銷從業人員所不知道的「眉角」。

真心推薦本書作者蔡沛君老師的新書，我是在兩年前上過她一堂實體課程，還沒上完課程，就知道是一位十足經驗的經營者，對於經營臉書粉絲專頁有獨到的見解與極深的洞察力。另外跟各位讀者報告，書中除了文字、圖片上的經營之外，社群裡面的「影片操作」在本書內也是極為精彩的一部分。當然，本書內容字字珠璣，只要比對手掌握得更好，並駕馭好文字、圖片、影片設計要領，可以將社群化平凡為神奇，大大節省行銷預算。

關於品牌精神傳達的過往經驗上，現在流行的 inbound marketing（集客式行銷），涵蓋的範圍可說是非常廣泛，邏輯上其實是圍繞著客戶去做多元的覆蓋模式。作者也提起在臉書經營上的幾個注意事項，避免讀者走到錯誤區，間接的影響整個 inbound marketing 的運作。

最後請大家切記一點，不要輕易讓你的對手知道這本書的內容，因為本書的含金量大到不可思議，只要簡單的事情重複做，絕對可以讓業績翻倍、翻倍、再翻倍，千萬別讓你的「對手」擁有它，不然將會是你的一場夢魘！

許豪 Gary

臉書「網路行銷學習區」 創辦人

推薦序四

對趨勢、找對機會、用對方法！

無論你經營的是電子商務、還是實體店面，網路社群媒體都可以幫助你實現各種行銷目標，例如：增加品牌知名度、連結潛在客戶、增加會員數、產品銷售、客戶服務等。四兩撥千斤是網路社群的一大特點，分享擴散是它最強大的武器，但請不要把社群媒體只視為銷售工具，而是將其作為溝通和建立關係的管道，進而有效提升品牌知名度、美譽度、忠誠度。

行銷是創造的活動與過程，透過溝通傳遞價值給客戶，在滿足需求下並能有所盈利的方式。換句話說，如果無法透過社群工具提供有價值的內容，那麼別人不僅不會點、不會看，更不必期望人們會買單消費。我認為社群是任何商業模式之下的用戶資產，而不單單關乎社群媒體工具，如此簡單。這不僅需要了解各種社群平台和相關工具，還需要懂得如何運用行銷手法和經營技巧。

在經營網路社群有一些關鍵要素，而且彼此環環相扣、相輔相成，例如以下四個重點面向：

一、戰略：每個企業都需要經營社群的策略，像是應該發布什麼內容？多久發一次？如何獲得更多粉絲？與對手有何差異化？目標受眾有什麼特質？打算透過社群達成哪些目標？當一個企業缺乏經營戰略時，想把自己的網路社群經營得有聲有色是非常困難的，而且我發現往往是虎頭蛇尾，一開始的雄心壯志很快就消失殆盡、打回原形了。

二、活動：無論是用於增加粉絲，還是提升互動、銷售，活動都是必備的手段，也理當作為經營戰術的一種。此外，活動不該只是活動發布本身，更需要掌握擬定好提案、推廣導流、互動技巧。記住，網路行銷絕對不是單純把產品放到網路上就能順利賣出去的事，各大社群媒體更不是吃素過日子的。

三、創意：創意除了發想點子本身之外，更包含圖片、影片素材和文案撰寫，這和平日的經營有非常大的關聯度。社群媒體在很大程度上依賴於視覺效果，這有助於讓企業的社群頻道能在眾多競爭對手中脫穎而出，藉由吸引用戶的注意力，進而提升目標達成率、實現轉換率。

四、管理：戰略若沒有搭配管理，那麼很容易失去掌控和執行力，你必須規劃出確切的執行計畫並追蹤。大部分的網路社群媒體都會提供數據報表，但是如何善用數據並從中發現有用可貴的資訊，則是自我課題，有數據作為依據，對平日的計畫執行和維護上也將更有方向，並且能適時地微調、做得更好。

以上這四點看似簡單，但對於正要投入社群經營的朋友或企業來說，要做的事情真的很多，在人力、資源有限的情況下，確實不容易。天使總是在想像裡，魔鬼在細節裡，正是這麼一回事呀！

蔡老師的這本書非常適合零基礎的朋友學習和參考，其中包含了網路社群各個面向的概念、操作技巧、經驗、祕訣，相信可以讓許多社群小編、管理者收穫良多、經營得更上手，可謂是網路社群新手的經營指南。

或許你並不是正要投入網路社群的朋友，但你可能經營一段時間卻遲遲沒有任何進展，這本書也可以協助你發現過往的問題或盲點。重要的是，學習關鍵還是要實踐，只有實踐了，才知道這本書的內容哪些對你有用、哪些不適合，希望各位可以依循本書的建議、指導去落實，真正藉由網路社群媒體創造你想要的結果和目標。

林杰銘

創億學堂　創辦人

推薦序五

君，在人生的道路上能夠遇到妳，身為老闆的我——深感榮幸！

沛君是我的特別助理，但是，在我的心裡，一直把她當成好姊妹，希望她幸福快樂！共事九年的日子裡，認真、負責、兼具美感與敏鋭度，一直是她能夠成功的特質。對每一件事情細心完成，而且總是用一顆善良的心體恤每一個人，她一直是我的最愛！

很感謝在我開設德德小品集連鎖門市的這段期間，沛君以她認真負責的態度給予我最大的幫助！我相信以她豐富的經驗，在本書中不藏私的推薦下，對初入社群網站的經營者而言，可以省去許多自行摸索、跌跌撞撞的辛苦過程。

「魔鬼藏在細節裡」，要完成一件事情簡單，要確確實實做好一件事情卻不容易。這本書將許多需要執行的細節，以實作的經驗和大家分享，相信只要用心讀過，必然有滿滿的收穫。

最後，祝福這本書可以暢銷大賣！也祝福研讀這本書的讀者，經由沛君的引導，能夠一步一步按圖索驥、勤奮經營，擴張事業的版圖。

「沛君，在人生的道路上能夠遇到妳，身為老闆的我——真的深感榮幸！」

莊瑞珍

德德小品集有限公司　總經理

作者自序

沒想到本書出到第四版了！感謝各位讀者的支持啊！由於 Facebook 更新很快，這次改版更新幅度很大，將近 1/3。不過還是有些小遺憾，像是目前的更新對於洞察報告的數據簡化非常多，導致無法做深度的解讀，也就整章節拿掉了，有點可惜。所以也特別詳細解說與 Google 搜尋相關的技巧，希望對大家有助益。

・本書簡介

你的粉絲數已經許久都停滯不前了嗎？到底應該如何經營才會有成效？你的貼文無人聞問，只有自己人在按讚嗎？到底應該如何和粉絲做互動才會有回應？如果你想一次搞懂關於 FB 臉書社群經營的竅門，千萬別錯過本書實用的內容──《圖解臉書內容行銷有撇步》。

・本書特色

這一年來，內容行銷逐漸成為主流，而我相信接下來，內容行銷依然會是左右網路行銷經營中，最重要的方法。

內容的經營說穿了就是：如何引人注目、如何讓人有收穫、如何成為人們的需求，其實就是當你的內容 CP 值高的時候，根本不用擔心成效不好。本書要告訴你的是，運用什麼樣的方式可以展現你的內容。由最基本的圖文跟影片談起，到最後帶著你思考如何尋找自己的社群定位。內容簡單易讀，但如我在每堂課告訴學生的，就從最簡單的練習做起，不然我的還是我的，對於你也只是聽聽別人的故事而已。

期望所有閱讀過本書的人能受益無窮，也希望因此而獲得進步的你，願意和我分享。若你的粉絲團進步了，歡迎你截圖傳到我的粉絲團私訊給我 @boutique，也希望你願意讓我曝光你的粉絲團和大家分享你的喜悅。

京贏數位科技有限公司負責人

目次

第七章　有效的互動　135

第八章　有效的活動　159

第九章　尋找社群的定位　173

第一章
社群是什麼

1-1 社群概念

你覺得哪一個是社群呢？ LINE ？ FB ？ Google ？還是 Yahoo ？

其實都不是！社群其實就是一群人。

想想看，在很早很早以前，村子裡吃完飯後，大家會聚集到一棵大樹下乘涼，聊天說八卦，這棵讓人乘涼的大樹下就是社群。到了有電視的時代，大家會聚集在有電視的人家中看電視，而那戶人家就是社群。所以，說穿了「人群聚集的地方」就是社群。而我們一天到晚黏著的 LINE、Facebook 呢？它是工具！是社群的運用工具。既然如此，大家應該先要有的概念是：你所經營的 Facebook 粉絲團，是你在經營你的社群的工具。

這有什麼不同呢？社群——在 Facebook 粉絲團的這群人，才是你該經營的。我們會在這裡開粉絲專頁，是我們在運用這個工具。改天，這裡沒人了，哪裡人多，我們哪裡去，如此而已。

所以，我們在網路上想要經營社群，跟在現實世界經營社群有什麼不同？就是載具的不同而已，我們需要學習新興崛起的工具如何使用，但是，經營的都是人，該關注的還是人性。社群的方式、經營的概念和核心並沒有不同。

順道一提，若你要選擇網路商城賣東西，你該選誰？最夯的蝦皮？還是 momo、PChome ？若你能依照本身需求的特性做平台的選擇，那麼恭喜你。若沒有，那也就是哪裡人多、哪裡去的選擇 Yahoo 了。

另外，Google 與 Yahoo 是搜尋平台。猜猜哪一個是社群？

小編OS

群體（community）：群或共同體，是指因為共享共同價值觀而聚集在一起的社會單位。絕大部分群體是由同類人或物種面對面後，才能夠組成較小的團體。群體傳統定義是一群彼此有互動且居住在共同區域的人，而今常用來指具有共同價值觀或者因有共同地域關係而產生團體凝聚力的一群人。（《維基百科》）

現今我們把社群商業化了，「社群行銷」就是商業化的結果。

社群概念

網路社群是新型態的人與人的溝通方式

一群具有特定興趣或是特定目的而聚集在一起的族群！

1-2 社群的作用與各大社群比較

現在的商業行為早就變得複雜，若你想要讓人來找你買東西，似乎不再是登高一呼就有人要理你。這時，正是社群可以發揮它商業效益的時候，我們可以運用社群的特色，來達成我們希望的效益。

一、曝光

哪裡人多，哪裡去！有人的地方，就有商機，不過在 Facebook 有一個最棒的特色，就是能尋找「同溫層」。正因為如此，只要能找到對你商品有相同興趣的人，自然一切就容易多了。

二、口碑

經營認同感，就容易經由消費者做到口碑行銷，而成為聚集鐵粉最重要的因素。因此，你需要的是經營好內容，才是經營口碑行銷的不二法門。

三、品牌

建立信任後，便能開始經營品牌，使用經營品牌的方向，可以讓你不那麼的商業化，也就不會讓人覺得你在推銷商品，因此容易經營認同感，這也是增加產品價值最好的方式。

四、各大社群的比較

大多數的人以為 Facebook 就是所謂的社群，其實社群有許多種類，像是：

・YouTube：影片最大的平台。
・Twitter：適合有意義的內容、對話或是社會支持。
・TikTok：青少年最愛。
・Instagram：以圖片為主導的年輕人交流社群。
・LinkedIn：文化、公司新聞、職涯。

只是 Facebook 的使用者占比實在太高了，所以才有這種誤解。

既然如此，我們到底應該用哪些平台呢？還是反正 Facebook 占比太高，只使用 Facebook 就好了？

基本上，我會建議先考量你的人力，要做，就好好經營，不要覺得大家都有做，我也該進場，然後做不出成效，白白浪費資金且折損人力資源。若你有人力、有心力，我會建議先了解各個平台的特質，哪一些適合經營，再選擇進場，這樣才能事半功倍。

社群的作用

一、曝光

哪裡人多哪裡去！
尋找同溫層。

二、口碑

經營認同感
（聚集鐵粉的要素）。

三、品牌

建立信任，
增加產品價值。

全球社群使用人口統計（數字以百萬為單位）

Facebook 依舊是名列第一。YouTube 第二。Instagram 第五。TikTok 第七。Twitter 第十六。

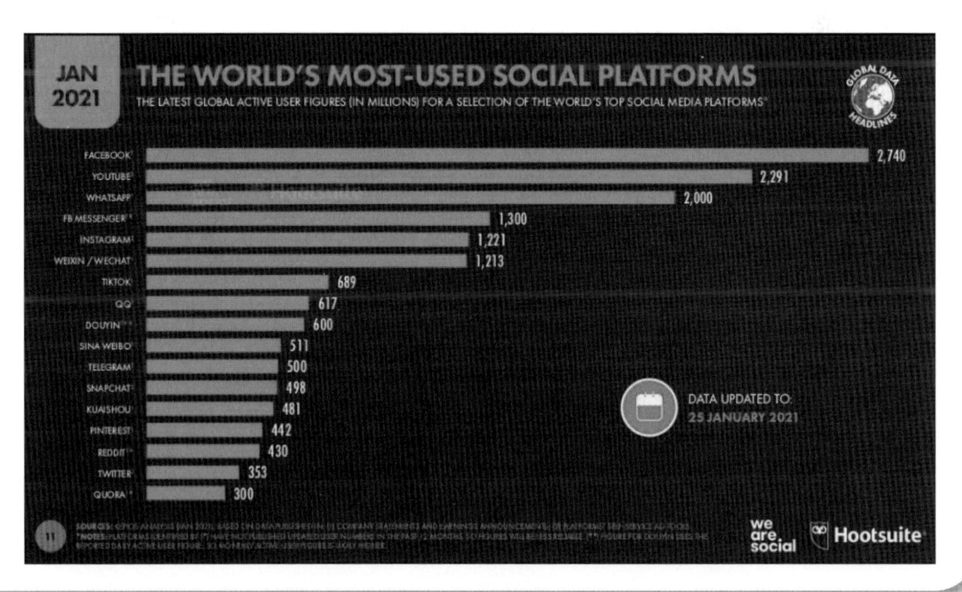

1-3 各大社群比較——Instagram

根據調查顯示，幾乎有超過一半以上的 Instagram 使用者每天都會登入瀏覽。而這個以 25 歲年輕人為主的社群，展現方式是以圖片為主體的方式，搭配上神奇的 # HashTag，變得非常容易搜尋追蹤。

若你是販售以年輕人為主體的商品，你甚至可以不要經營 Facebook，而專注在 Instagram 上。原因是，已經有許多的年輕人為了躲開家長，而放棄了 Facebook，進而轉戰 Instagram。再加上 Instagram 的貼文量不像 Facebook 那樣多，所以曝光及搜尋，相對容易許多。

若你有餘力在 Facebook 之外多經營一個社群，那麼 Instagram 可以是第一首選。原因是，Instagram 已經被 Facebook 收購了，所以可以互相分享，而且在廣告投放上也可以相互串聯。以 Instagram 廣告注意與點擊率的比較而言，在 Instagram 下廣告的成效，比 Facebook 好上許多。

而且神奇的是，在 Instagram 下廣告的被接受度，居然是年紀越大的越容易點擊廣告，因為 Instagram 的廣告呈現並不像 Facebook 廣告那麼明顯，自然排斥感就不會太多。

1. Instagram

Instagram 是一款免費提供線上圖片及視訊分享的社交應用軟體。它可以讓用戶用智慧型手機拍下相片後，再將不同的濾鏡效果添加到相片上，然後直接分享於各個社群。由於對圖片的便利性，這個社群很快地就擴散開了。

Instagram 的名稱取自「即時」與「電報」兩個單詞的結合。因為創始人的靈感來自即時成像相機，且認為人與人之間的相片分享「就像用電線傳遞電報訊息」，因而將兩個單詞結合成軟體名稱。2012 年 4 月 9 日，社群網站服務巨頭 Facebook 宣布以 10 億美元的價格收購 Instagram。

2. YouTube

YouTube 是影片最大的平台，現今已是以影片為主的內容呈現方式。只要你有影片，就到 YouTube 開一個品牌頻道，將影片上傳，就算沒有心力經營，至少都可以算是多一個平台曝光的機會。

Instagram

臺灣使用IG的人口已經高達1/3

IG 貼文使用情形

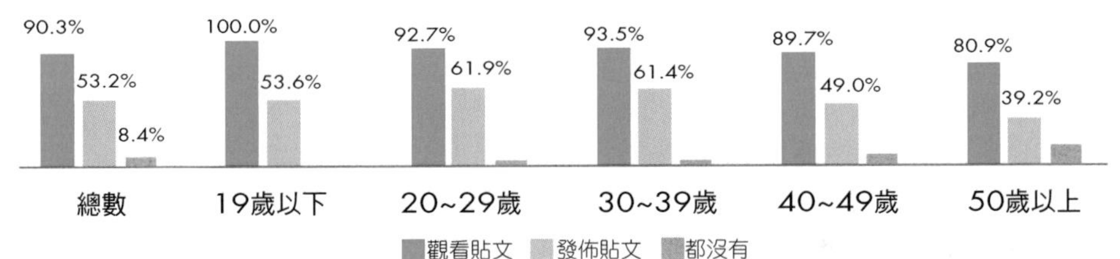

BASE：全體受訪者N=1,478

資料來源：創市際市場研究顧問 Dep. 2018

使用IG限時動態比例偏高

IG 限時動態使用情形

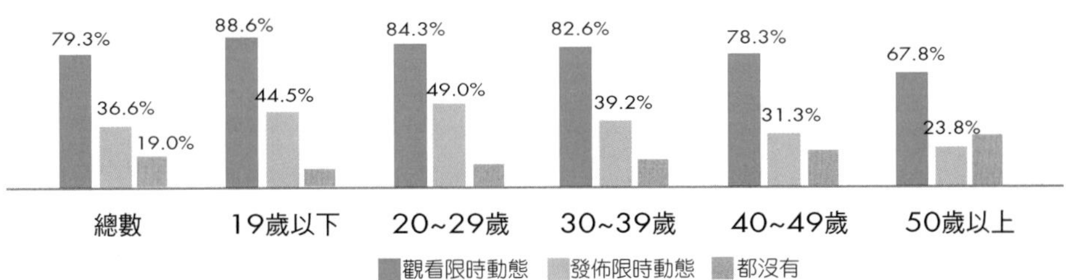

BASE：全體受訪者N=1,478

資料來源：創市際市場研究顧問 Dep. 2018

1-4 各大社群比較——抖音TikTok

「抖音一響父母白養！抖音一跳父母上吊！」從這一句盛行的俚語就可以知道抖音有多麼受到青少年的歡迎。

抖音是一款可在智慧型手機上瀏覽的短影片社交應用程式。使用者可錄製 15 秒至 1 分鐘、3 分鐘或更長 10 分鐘內的影片，也能上傳影片、相片等。2017 年以來獲得使用者規模快速增長。

抖音姐妹版本 TikTok 在海外發行，TikTok 曾在美國市場的 APP 下載和安裝量躍居第一位，並在日本、泰國、印尼、德國、法國和俄羅斯等地，多次登上當地 APP Store 或 Google Play 總榜的首位。

另據 2020 年 5 月份 Sensor Tower 的最新數據顯示，「抖音」及海外版「TikTok」，目前在全球 APP Store 和 Google Play 應用程式商店的總下載次數已突破 20 億次。

抖音一開始是以音樂為核心的短影片社交軟體，所以很多歌曲因此而走紅，例如《醉赤壁》。也因此，抖音成為了造星平台，有許多抖音使用者在發佈影片後成為網紅。

2020 年起抖音姐妹版本 TikTok 因隱私權及不雅內容等遭多國下架，因此在海外遭到重擊。

不過，我們應該重看的是 TikTok 對其他社群平台帶來的影響。TikTok 可以說將短影音帶至主流，不只是 Facebook 鼓勵大家上傳短影音。Instagram 也加了 Reels 這個短影音的新功能，就連 YouTube 都增加了 Shorts 鼓勵上傳直式的短影音。可見抖音 TikTok 的影響之大。

抖音TikTok

在中國是抖音，在中國以外則是 TiKTok。此為兩個不同群體，但內部運作相同的 APP

不同社群平台的平均用戶年齡

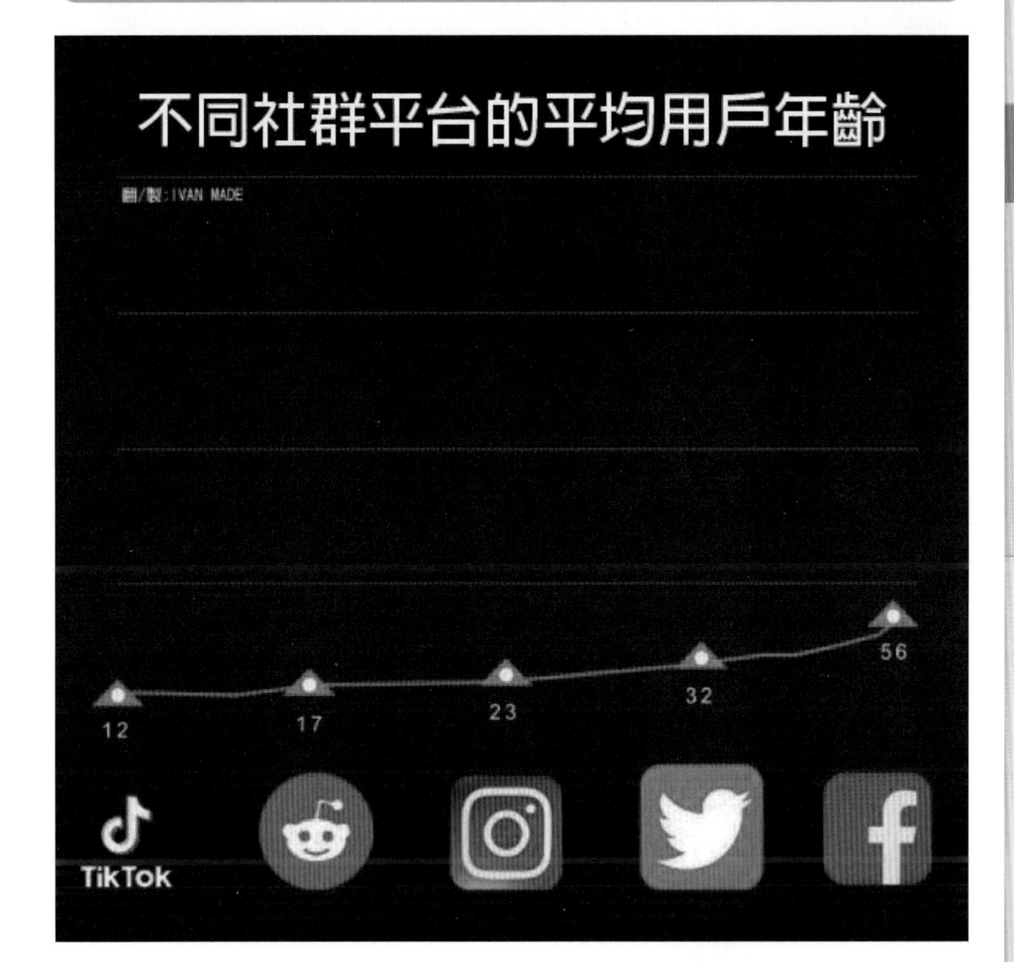

1-5 各大社群比較——LINE@

這裡要先說明，LINE 因為可以組群組，所以是社群。不過，LINE@ 是一對多，並沒有一群人的互動，不能算社群。但這工具經營會員可以有很好的成效，所以在此一併介紹。

這算是臺灣最熟悉、運用最多的商業社群 APP。由於臺灣中年以上的族群對 LINE 的依賴性與使用率都超級高，所以若是你對電腦有障礙，或是你的消費者是中年以上族群，那麼 LINE@ 就是必須使用的工具。

LINE@ 好友人數沒有上限、一次發訊數無限人次、有系統後台、可多人管理帳號、有優惠券、摸彩券、問卷調查、自動回應功能，還提供行動官網。不過，LINE@ 沒有群組功能，因為在行銷上，群組是個很容易出狀況的地方；群組的特色是多對多交談，所以大家可以在裡面自由發言，一旦有負面言論出現，這個群組就玩完了。而行動官網可以清楚呈現該店家想揭露的訊息，舉凡地址、聯絡電話、營業時間、Google map、店家商品介紹等皆可呈現，而且是符合手機閱讀的格式，讓店家不用再花錢去寫手機版網站。

LINE@ 生活圈提供六種推廣方案，依據 LINE@ 帳號是否啟用 LINE@ Messaging 訊息 API 功能，可供購買的推廣方案介紹如下：

1. 若 LINE@ 帳號無開啟 LINE@ Messaging 訊息 API 功能，你可以依據群發訊息的需求與目標好友數，選購「免費版」（0 元）、「入門版」（798 元）、「進階版」（1,888 元）、「專業版」（5,888 元）。

2. 若 LINE@ 帳號已經開啟 LINE@ Messaging API 功能，你可以依據使用 API 的需求以及目標好友數，選購「免費版」（0 元）、「入門版」（798 元）、「進階版（API）」（3,888 元）、「專業版（API）」（8,888 元）。

比較起來，LINE 叫做個人版，適合家人、朋友間做感情聯繫。而 LINE@ 算是企業版，適合商業行銷使用。

在教學的經歷中，發覺許多小企業老闆因為依賴 LINE@ 而不願經營 Facebook 的粉絲團，其實，這會是相當大的損失。畢竟 LINE@ 是個封閉式的行銷方式，除非你去拉人加進來，不然其他人也看不到你的訊息。所以，LINE@ 可以視為經營鐵粉、會員或高級會員的地方。

至於 Facebook，從 P.5 的圖表上就可以看得出來，可以不經營嗎？可以，那是你的損失。然而，無論你決定要經營哪一個或數個社群，最重要且無法避免的是，如何經營內容？你經營的社群無論是哪一種，除了貼商品之外，就是到處分享轉貼別人的文章或影片嗎？若是如此，經營不好是必然的，你真的該想想如何自己產出原生內容。

LINE@

1 針對熟客經營再行銷

2 優惠活動通知

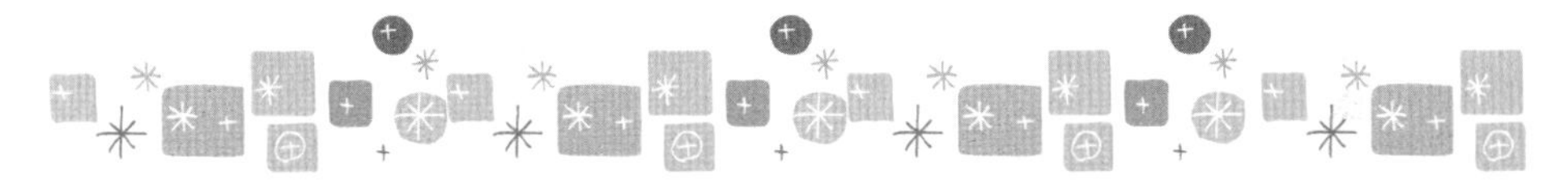

LINE@帳號類型

一般帳號

任何人皆可擁有此類型帳號，且無須等待審核，即便是個人或虛擬角色等皆可申請。本類型的帳號提供1對1聊天、群發訊息等LINE@生活圈的所有基本功能。

認證帳號

本類型帳號為特定業種才可申請，並通過公司的審核作業後才能取得。認證帳號除了提供一般帳號的基本功能外，並可於下列地方進行搜尋：官方帳號列表、LINE@列表、LINE好友列表，同時也會顯示已認證的藍色標示。

有關LINE@比較，請參閱P.267附表一

1-6 各大社群比較——Facebook粉絲團（一）

我們以 Facebook 作為講解內容行銷的主要工具，原因除了使用人數最多外，Facebook 的最大特色就是：擁有連使用者都不一定清楚的個人興趣、行為、習慣。

發現有許多已經在使用 Facebook 的老闆跟我抱怨說，他覺得用個人的 FB 動態發佈訊息，比用粉絲團發佈訊息來得有效許多。這是因為你完全沒有使用到粉絲團的功能啊！

比起個人動態，粉絲團擁有以下幾種特色：

1. 沒有人數限制。
2. 專屬網址提供搜尋引擎收錄。
3. 強大的行銷分析。
4. 不斷新增特殊功能可以使用。
5. 容易觸及到陌生的潛在客戶。
6. 可以下廣告並且有報表可以評估。

或許你的個人 FB 裡有上千位朋友，而粉絲團只有幾百位，而且還停滯不前。不可否認的，那是你不會經營，但是也別把自己做小了，只用個人動態經營，最多也不過 5,000 人，粉絲團絕對遠遠多於這個數字。

商業化的工具才會提供商業化的功能使用。況且，個人動態貼文沒有數據，你怎麼知道它的觸及數有多好？不能只憑著好朋友會分享，就只賺周遭好友的錢，這樣公司何時才能做大呢？

・迅速打造出色的網路形象

建立 Facebook 粉絲專頁十分輕鬆，而且完全免費。無論是桌面版或行動版，粉絲專頁皆能完美呈現。

1. **口耳相傳，人氣匯聚**：向理想客群推廣粉絲專頁，藉此建立專頁粉絲群。
2. **隨時隨地與顧客交流互動**：直接從粉絲專頁使用 Messenger 與顧客保持聯繫。
3. **管理粉絲專頁**：運用粉絲專頁管理工具，打造忠誠的顧客群。
4. **持續提升粉絲專頁成效**：透過粉絲專頁洞察報告，你可以查看分析資料來了解用戶對粉絲專頁的回應情形。這些資料有助於你調整粉絲專頁，藉此提升專頁成效。

Facebook

最多人數使用

1

2

精準受眾

小編OS

Facebook 官方說明── Facebook 粉絲專頁

利用 Facebook 粉絲專頁與用戶聯繫並介紹自家業務，打造一個讓大家與你的企業相知相遇的空間：

1. 加入社群
   活躍在 Facebook 上的企業類粉絲專頁已逾 6,000 萬個。
2. 與顧客建立聯繫
   每月有逾 10 億名用戶透過自動與所有粉絲專頁整合的 Messenger，和其他用戶或企業商家建立聯繫。
3. 打造你的行動中心
   每天有超過 11 億名行動裝置用戶使用 Facebook。

1-7 各大社群比較——Facebook粉絲團（二）

・Facebook 收集哪些資訊？

我們收集各種關於你的資訊，這些資訊視你使用的服務而定。

1. **你的行為和所提供的資訊**。我們收集你在使用服務時所提供的內容和其他資訊，其中包含註冊帳號、建立或分享內容，還有傳送訊息或與其他用戶交流。這可以是你提供的內容本身或其相關資訊，例如：相片的拍攝地點或檔案的建立日期。此外，我們還會收集你如何使用服務的資訊，例如：查看或互動的內容類型，以及你發佈動態的頻率和期間。

2. **其他用戶的行為和所提供的資訊**。我們也收集其他用戶在使用服務時所提供的內容和資訊（包括你的相關資訊），例如：分享有你在內的相片、傳送訊息給你，或者上傳、同步或匯入你的聯絡資料、你的人脈網絡和關係鏈。

3. **我們收集你連結的用戶和社團的資訊，以及你和他們如何互動的資訊**。像是你最常交流的用戶或樂意與其分享事物的社團。如果你從裝置上傳、同步或匯入聯絡資料（例如：通訊錄），我們也會收集你提供的這些資訊。

4. **付款方式的相關資訊**。如果你使用我們的服務從事購買行為或金融交易，我們會收集該筆採購或交易的相關資訊。其中包括你的付款資料，例如：信用卡或簽帳金融卡號碼和其他卡片資料，以及其他帳號與驗證資料，還有帳單、出貨及聯絡詳情。

5. **裝置資訊**。我們依據你授予的權限，收集你安裝或使用我們服務的電腦、手機或其他裝置本身相關的資訊。我們會彙整從不同裝置收集到的資訊，這有助於我們為你的各種裝置提供一致的服務。例如：行動電信業者或 ISP 名稱、瀏覽器類型、語言設定及時區、手機號碼和 IP 位址。

6. **從使用我們服務的網站和應用程式取得的資訊**。如果第三方網站和應用程式使用我們的服務，則我們會收集你瀏覽或使用這些網站和應用程式時的資訊。這些資訊包含你瀏覽的網站和應用程式、你在這些網站和應用程式中使用我們服務的情況，及應用程式、網站開發人員或發佈者向你或我們提供的資訊。

7. **第三方合作夥伴提供的資訊**。我們會收到由第三方合作夥伴所提供，在 Facebook 及其他網路空間中關於你和你的動態資訊。例如：我們與合作夥伴共同提供服務時，合作夥伴所提供的資訊，或是廣告商所提供的關於你的廣告體驗，或與其互動的資訊。

8. **Facebook 企業**。依據 Facebook 持有或營運企業的條款和政策，我們會收到來自這些企業與你有關的資訊，深入了解這些企業和他們的隱私政策。

為何要用粉絲團而不用個人的FB

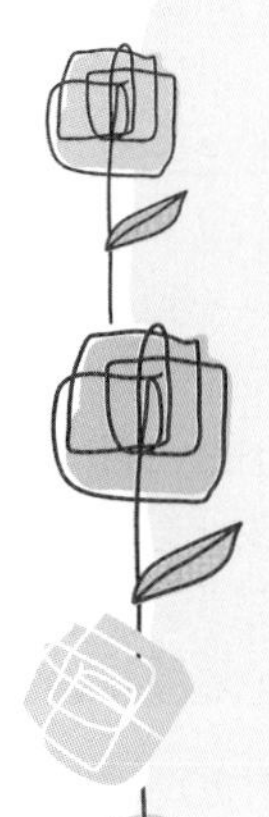

1. 沒有人數限制。

2. 有特殊功能可以使用。

3. FB 提供最少 2% 的觸及。

4. 可以下廣告，有報表可以評估。

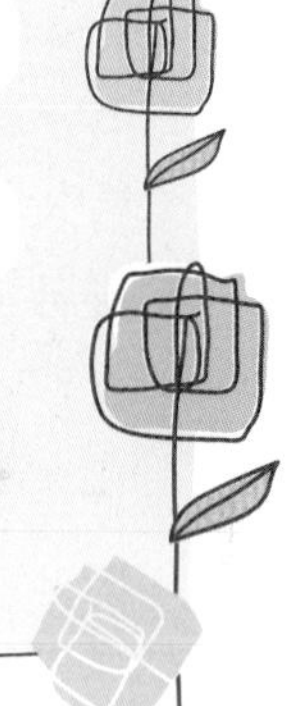

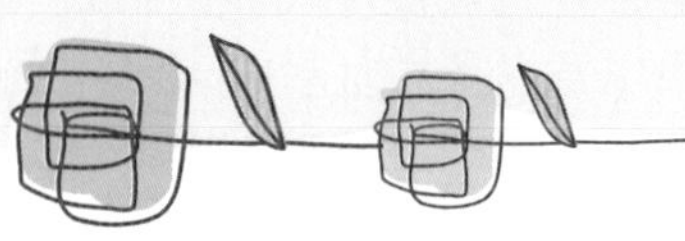

小編OS

Facebook 粉絲團不斷地調降觸及率，導致多數粉絲團的經營小編越來越沒自信。事實上，由於小編一開始就是經營內容行銷，所以最近的幾波調降非但沒被影響到；相反的，自然觸及率還上升了。

1-8 各大社群比較——Facebook社團

一、Facebook 粉絲團和 FB 社團的差別

比起粉絲專頁，社團的使用者涉入程度是非常高的，經營好臉書社團能夠發揮你原本意想不到的影響力。粉絲專頁跟社團其實它們的功能與用途不大相同，若你有經營自己的品牌，根據目的不同，可以 Facebook 社團與粉絲團相互搭配運用。

一般來說，粉絲團的設立是為了宣傳企業、個人品牌、獨立風格的內容，消費者可以主動對你的粉絲專頁「按讚」，可以有多人共同管理。這裡是完全開放的空間，任何人都可以在 Facebook 搜尋到你的粉絲專頁，到你的粉絲專頁看你的貼文內容並給予回應，而你也可以下廣告推廣你的貼文或是商品與服務。而臉書的社團則是邀請使用者「加入」，它設立的主要目的大部分是由於加入成員有共同的偏好、興趣或身分。你可以設定社團的隱私性、管理員身分，並設定成員回應的規範，不過不能針對社團下廣告。

二、社團的涉入程度比粉絲團來得高

如果你是 Facebook 的重度使用者，又沒有特別設定關閉提醒通知，應該會發現，每當有人在社團裡更新貼文時，你就會自動收到 Facebook 的通知；相較之下，粉絲團的貼文則是根據演算法出現在使用者的動態牆上。若你的粉絲團人氣不是很高，發佈的內容又不會讓粉絲與你有高度互動，也沒有被粉絲設為「搶先看」，再加上沒有下廣告，那麼粉絲團的涉入程度勢必會比起社團來得低，因為使用者相對是很難接收到資訊的。此外，因為社團通常有較高的主題專一性，因此使用者大多是針對該主題具有高度興趣的愛好者，又或者他們共享同樣的某種性質。當然，你也可以用這些社團成立的宗旨去成立粉絲專頁，建議若你是一個企業，有商業行為跟目的，還是考慮使用粉絲專頁的好。

而接下來你要煩惱的是：如何讓社團人數不斷增長？首先，你得先摒除創立社團是為了「賺錢」的這個想法，取而代之的是「價值交換」。你成立社團的目的是什麼？你能夠提供給成員什麼樣的內容價值？你如何讓成員與你有更多的互動？前面有提到，社團成立的目的通常圍繞在一個特定的主題，都有相同的嗜好，或是共同在為生活中的一些事情找不同的解決方法。

記得，儘可能地讓你的社團成立目標越明確越好，並且讓它是可以在 Facebook 搜尋中被找到的。根據統計資料顯示，在 Facebook 上每天的搜尋量也高達 20 億次。如果你期望有朝一日自己的社團也能成為人氣社團，那麼一個明確好搜尋的社團名稱就非常必要了！

社團權限

	公開	不公開	私密
誰可以加入？	任何人皆可以加入，或由成員新增或邀請加入	任何人皆可以加入，或由成員新增或邀請加入	任何人，但必須經由成員新增或邀請
誰可以看見社團名稱？	任何人	任何人	目前的成員與之前的成員
誰可以看見社團成員？	任何人	任何人	僅限目前的成員
誰可以看見社團介紹？	任何人	任何人	目前的成員與之前的成員
誰可以看見社團標籤？	任何人	任何人	目前的成員與之前的成員
誰可以看見社團地點？	任何人	任何人	目前的成員與之前的成員
誰可以看見社團成員的貼文？	任何人	僅限目前的成員	僅限目前的成員
誰可以在搜尋中看到社團？	任何人	任何人	目前的成員與之前的成員
誰可以在Facebook上（例如：動態消息和搜尋）看到社團動態？	任何人	僅限目前的成員	僅限目前的成員

小編OS

Facebook 社團代購、團購：如果你想要培養更多相同興趣的群眾，並且在未來有機會讓這群人為你所提供的商品或服務買單，那麼你需要做到 4 件事情：

1. 統合社團成員的偏好：不要什麼人都加入，那是粉絲團的事，社團就是因為有相同的喜好，所以才容易經營鐵粉，成交率也高。
2. 設立社團公約：大部分社團為了維護公告內容及品質，通常會在封面相片叮嚀成員們社團公約，或者是在置頂貼文的地方提醒注意事項。主要是為了不讓成員們在社團裡打自己的廣告或是貼文，另一方面也是為了讓自己可以方便管理，特別是團購社團，可以透過外部系統將整個作業流程更流線化，可大幅節省人力與時間。不論是在置頂貼文或是封面照片，都可以讓新加入的成員在最快且最短的時間內了解規範。再者，也可以將社團規範放在社團的說明處，做多次的提醒與告知。
3. 邀請意見領袖加入：為了讓你的社團能夠有更多的成員，你勢必得先了解你所經營的社團有哪些同溫層。讓成員與貼文有所互動之外，也讓大明星有機會來參一腳。
4. 舉辦活動、創造主題話題：為了讓社團成員間能有更多的互動，你可以在社團剛成立時，請成員們邀請有志一同的朋友加入。然後在分享之後，還可以進一步舉辦社內專屬活動，儘可能讓社團保持活躍但不擾人的狀態。當然在初期的時候，你可能不一定都會產出自己原生的內容，但儘可能要試著提供給成員們希望知道的資訊。在社團裡，可以使用如粉絲團的「排程」功能。簡單來說，就是要餵養他們實用且寶貴的內容，那麼，他們就會成為死忠鐵粉了！

附表 1- LINE@ 功能介紹表

		Developer Trial	免費版	入門版	進階版	進階版(API)	專業版	專業版(API)
費用	設定費	免費	免費	免費	免費	免費	免費	免費
	月費	免費	免費	798元	1,888元	3,888元	5,888元	8,888元
目標好友數	目標好友數	50	無上限	20,000	50,000	50,000	80,000	80,000
每月群發訊息則數	群發訊息傳送數量	每月1,000則以內	每月1,000則以內	無上限	無上限	無上限	無上限	無上限
每月主頁投稿數	動態主頁投稿數	每月4則以內	每月10則以內	無上限	無上限	無上限	無上限	無上限
管理後臺	LINE@App	×	○	○	○	×	○	×
	網頁版後臺	○	○	○	○	○	○	○
功能	群發訊息	○	○	○	○	○	○	○
	宣傳頁面（優惠券等）	○	○	○	○	○	○	○
	1對1聊天	×	○	○	○	×	○	×
	行動官網	○	○	○	○	○	○	○
	調查功能	○	○	○	○	○	○	○
	LINE集點卡	×	○	○	○	○	○	○
	數據資料庫	○	○	○	○	○	○	○
	圖文訊息	○	×	○	○	○	○	○
	聲音訊息	×	×	○	○	○	○	○
	影片訊息	×	×	×	○	○	○	○
	進階影片訊息	×	×	×	○	○	○	○
	圖文選單	○	○ API-type only	○	○	○	○	○
	分眾訊息推播	○	×	×	○	○	○	○
	統計資料（年齡、性別、地區）	○	×	×	○	○	○	○
	Reply API	○	○	○	×	○	×	○
	Push API	○	×	×	○	○	×	○

第二章
社群文案有特色

2-1 發文三方法
2-2 發文四特色（一）
2-3 發文四特色（二）
2-4 發文三技巧
2-5 文案不是文章
2-6 操作心得分享
2-7 失敗的案例（一）
2-8 失敗的案例（二）
2-9 成功的案例（一）
2-10 成功的案例（二）
2-11 文案的精華在標題（一）
2-12 文案的精華在標題（二）

2-1 發文三方法

Facebook 粉絲團貼文的技巧百百種，重點是你到底活用了哪一種？坊間講文案的書跟課程多得很，為什麼還要從這裡開始呢？答案很簡單，65 個心法還是 97 招，你學會運用了哪一招？別人的成功不是你的成功，唯有你自己練習並且實踐了，這本書才會對你有用。所以，我們要從最簡單的介紹起，也希望你能從最基本的開始，真真切切開始進步。

你怎麼寫貼文的？跟那些公司貼在公佈欄的內容像不像？貼在公佈欄的文章，無論寫得好壞，因為跟自身有關，所以一定會去看。可是，若寫粉絲團的貼文也是這樣寫，你家的事跟消費者有什麼關係？這種大部分人寫的公佈欄寫法，自然很容易就被滑走了。粉絲團的貼文其實就是這樣，若你寫的跟你的消費者有關，他就一定會追著看！和你的文筆好不好，沒什麼太大的關係。

發文的三種方法：

一、重點放前面——運用寫新聞報導的方式寫貼文

回想一下，報紙的新聞報導形式，是不是看完第一段就知道整篇報導在寫什麼了，而後從第二段起，才會詳細描述鋪陳新聞內容。這也是因為報紙上文章的篇章太多，為了吸引讀者閱讀而演化出來的形式。

由於 Facebook 貼文的特性，寫太多就會變「……更多」。因此，若在寫貼文時，能用寫報導的方式撰寫，前四行先將內容介紹清楚，再寫細節，便可以避免不知所云貼文就被滑走的窘境。因為你只有 40 個字的機會，所以你需要練習的是精準，如何在四行內將重點表達完整，並且讓閱讀者認為這是和他有相關而願意閱讀的資訊。

二、虛擬好朋友——也就是用部落客的寫法

最大的好處就是口語化，讓人感覺就是在和人說話，這樣便容易親近、容易卸下心防，也容易在用字上有個性，做出差異化。既然經營社群就是在經營人與人之間的關係，用「一個人」去和其他人打好關係不是最容易的嘛！你可以利用粉絲團的洞察報告，觀察你的消費者喜好，塑造出一位虛擬的粉絲團小編，有個性、有人味，要和其他消費者互動時就更容易找到共鳴了。假裝另一個人若很難，那麼就依照研究出來的特性，應徵一位符合個性的小編吧，這就容易多了。

三、運用說故事——做到有效的曝光、有效的互動

故事行銷是把銷售行為由理性變為感性。Facebook 臉書這個社群平台的作用，本來就是讓你維持人際關係用的，這裡不是電商平台，想要直接賣東西不是不行，但就是吃力啊！你可以觀察看看，引起興趣是不是遠比直接導購容易得多了。而許多寫文的方式中，會說故事真的很吃香，除了容易吸引人也有助記憶，更便於消費者傳播。你若會寫故事，就更容易吸引人了。

社群文案有特色之發文三種方法

一、重點放前面

運用寫新聞報導的方式寫貼文

二、虛擬好朋友

也就是用部落客的寫法

三、運用說故事

做到有效的曝光、有效的互動

2-2 發文四特色（一）

一、將理性轉為感性

注意看看，大多數人在發文的時候，其實就像是在寫公司的公佈欄似的，就算夠白話，也會像是在交代事情感受不到溫度。然而，即使是在電腦網路上，你所面對的還是「活人」，需要感情、需要溫度的。這也就是為什麼當你寫：「I'm blind, please help me!（我是盲人，請幫助我！）」和「it's a beautiful day but I can't see it.（這是美麗的一天，我卻看不到它。）」這樣的文字會有那麼大的落差了。越不會與人接觸社交的人，其實越需要溫暖，越希望有人能關心説話，這也就是為什麼感性的文字，在臉書上能這麼吃香，獲得的觸及能夠比一般貼文更高。當然，這是需要練習的，尤其是從小已經習慣寫制式作文的我們，即使將寫文的形式改過來了，習慣卻很難改變。

二、一次一種需求

當賈伯斯將蘋果製造出來後，他到百事可樂將他們的行銷長挖角過來，希望由他操刀將蘋果推向世界。志得意滿的賈伯斯要求：「我的蘋果必將改變世界，所以我希望能將它所有的特色，這個、這個、這個、還有那個、那個、那個，全部都宣揚出來」。而這位整整小了他二十多歲的行銷長搖搖頭，並且告訴他：「不，你只能給我一個」。就這樣一路開了上百次會議僵持不下。

賈伯斯一路退讓，從數十個減到 20 個特色，再一直退到剩 5 個，而這位行銷長則一步也不願意退，非常堅持——只能給我一個。在最後一次的會議，行銷長靈機一動，將桌上開會用的企劃揉成 5 個紙團，向對面喊了一聲：「賈伯斯接住」。然後突然一次將紙團全部丟出去。賈伯斯慌慌張張中伸手去接，猜猜看，他接到幾個？（收錄在《賈伯斯傳》中）

你猜了幾個呢？答案是：一個也沒有接到。消費者在接收訊息時也是一樣的，若你一次在貼文中置入好幾個重點，消費者在分心接收訊息的同時，腦海中的印象並不會深刻，就是瀏覽過了而已，終究只會一個訊息也接收不到。所以請記住這個鐵則：一次一個。

無可避免的，若正巧有好幾個重點需要傳達呢？那麼，請有幾個重點就分幾則貼文，並且每則貼文至少相隔 2 小時以上。通常業主或老闆老是要全部塞一則，但只要調出後台報表就很明白，事實勝於一切。請告訴他這個故事，成效永遠比形式來得重要，不要貪心。只要是需要傳達訊息的媒介、圖、文，都是如此。你的活動頁、Banner、影片，甚至是 LINE 的貼文、教小孩的方式、訓斥員工的方法……，在訊息過多而且快速的時代，想要讓你的受眾在最短、最快的時間內吸收，請務必使用：一次一種需求。當你這麼做時，還有其他好處：容易聚焦、容易有畫面有聯想。尤其現今為接收訊息更快速、更直接的世代，只要越能直覺式的散播訊息，也就越能達到成效。

發文四特色（一）

發文特色一

將理性轉為感性

發文特色二

一次一種需求

（作者自行整理）

小編OS

- 灑狗血人人愛看：試試讓自己灑狗血一點，多練習，幾次掌握住技巧後，再唸出聲音試試。我們要的不是瓊瑤式的那種「你不能恨我，你不能因為我這麼愛你而恨我」。萬一唸出來的連自己都覺得不舒服，那就表示要收一點，讓你的貼文貼近真實世界。
- 平實、有感情、有溫度，恰恰好：我們要的不是寫作文的方式；相反的，越口語化越好。請記住，雖然你是在寫貼文，但這是另一種形式的人與人之間對話，越能讓另一方感受到人味，也就越能有高觸及跟互動。
- 一次一種需求：許多大型的廣告，是不是分階段介紹不同的概念？還有像歌星的新專輯行銷，並不是一次播放專輯的每一首歌，而是選擇重點的三個月打一首歌。

2-3 發文四特色（二）

三、借用時事

《死侍》的 Facebook 貼文操作，被譽為 2016 年最有效益的行銷。而得到這個名號的貼文，是這一年才過了 20 天的時候。當時，正巧是臺灣如火如荼的選舉大戰剛剛結束時，有一位樂團主唱選上了立委，大家正在開玩笑的時候，這部好萊塢預算的二級片及二線男主角，正巧要到臺灣做宣傳。臺灣負責宣傳的行銷公司，在男主角上飛機之前，請他在 Facebook 發了要應徵主唱的這幾個字。然後，在他抵達下飛機時，待遇已經變成湯姆克魯斯等級了！電影也因此爆紅，許多人邊說不怎樣，還是陪朋友去看了好幾次。也因此這部片子在臺灣的票房，成為全世界銷售最好的票房。這爆紅的程度不單單是電影，在行銷界也被譽為 2016 年只過了 20 天，但再也不可能有人超越的經典。文字的魅力就在這裡，只要你運用得宜，真的是「一字千金」。

借用時事梗非常好用，像是新聞、颱風、停電、停水、地震……，一律都能搭。運用時事梗最需要注意的，就是「時效性」！可別等平常的發文時間才要發文，需要改在第一時間就發文，才能有爆炸性的散播效益。而且所謂的「時效性」，就是時間到了就停止，不會再有人聞問。由於散播的效益，關注度都是平常的數十倍，甚至數百倍。所以，能好好把握，就要好好把握。

四、運用反差的創意

《安娜貝爾續集》在宣傳期，特別將安娜貝爾本尊運來臺灣，並且製造了許多相關的擬人新聞，還因此被高鐵罰錢。各位想想，安娜貝爾有一定的口碑，喜歡看恐怖片的固定群眾，會去看的就是會去看，為什麼還需要這麼「搞缸」（臺語），做一些和恐怖片不相關的內容？目的是：擴展受眾。會看恐怖片的都會去看了，那麼該怎麼吸引不排斥看恐怖片，又對安娜貝爾有印象的人進電影院？他們用了這一招——四宮格圖像法（見下圖）——主角在做什麼？這可以衍生的主題可多了，你只要想四個主題可以做的事，呈現出來的效果就會很好。這一招常看人用，也很容易呈現吸睛的好效果。而且運用反差創意的貼文格式中，最常見的就是這種四宮格的玩法，每每呈現精彩的創意。

四宮格舉例

—英國野餐教戰守則— 謹慎選擇野餐地點 女王與知己	—英國野餐教戰守則— 粗活交給其他人 女王與知己
—英國野餐教戰守則— 隨時確認天氣狀況 女王與知己	—英國野餐教戰守則— 大快朵頤三明治 女王與知己

四宮格的貼文真的不勝枚舉，這是最容易讓你衍生出創意的方式。運用的方式就是：主角能做什麼？為主題想四格，創意就出現了。這種方式就是換位思考，創造出不同的趣味。看看別人的創意，想一想，轉化成自己的，改天試著做一篇。

發文四特色（二）

發文特色三

借用時事

2016 最有效益的行銷 24 個字

（取自Ryan Reynods粉絲專頁宣傳貼文）

發文特色四

運用反差的創意

1. 目的？ 2. 受眾？
最常見四宮格商品主題玩法

（取自粉絲專頁宣傳貼文）

小編OS

現在關心問問「粉粉們還好嗎？」已經被濫用到沒效了，所以別偷懶，發些有效益的內容會比較好。比如：把 Facebook 的平安通報站貼出來或發佈最新消息，至少有誠意些。

Facebook 災害應變中心

https://www.facebook.com/crisisresponse/

Facebook 的災害應變中心，目前在全球提供了相當即時的通報資訊及新聞訊息，是個很好用的即時通報平台。

什麼是平安通報站？

平安通報站可讓你聯繫親朋好友，並在災害發生後，尋求與提供協助。

在災害中提供協助的方式

1. 詢問此地區的朋友是否平安無事：如果你有認識的朋友在受影響的地區附近，可以請他們標示自己是否平安無事。
2. 分享募款活動：分享你支持的募款活動，邀請朋友捐款協助災後重建。
3. 提供協助：如果你位於附近，可以讓大家知道你能否提供補給品、避難所、擔任義工或提供其他協助。
4. 接收最新消息：透過相片、影片和新聞報導，掌握最新消息。

2-4 發文三技巧

一、賣需求而不是賣商品

請掃 QRcode 觀看影片。

看得出這影片是在賣什麼嗎？襯衫、皮帶、包包、領帶、鞋子……。

答案是：他在賣叢林風！這就是我們和國外最大的不同！

製造業的思維就是，今年要做什麼版型、有沒有腰身、領子大小、排釦還是拉鍊……。做品牌、做形象會思考的則是，今年的趨勢流行話題，再從當中找到自己的消費者需求。以這個案例來解析，能給消費者商品之外的附加價值，才容易獲得消費者的心，並且讓消費者願意持續關注跟追隨。將商品的需求轉換成風格，是相當高端的做法。

二、用消費者的立場說話

看得出來右頁左下圖這張海報的 TA（目標族群）是誰嗎？

提示一：喜歡談論藍綠

提示二：外帶

答案是：中年男性白領上班族

這一招絕對是最基本的！但是你發現了嗎？若不加以拆解，其實看不出來這一句 slogan 原來是這樣產生的。

運用行銷的方式寫文案，在構思怎麼寫之前，其實是很理性的分析。然而，大部分的人分析完後，就直接把要寫的資訊寫出來了。這就是到目前為止，你的觸及率無法升高的主因。理性的分析完後，接下來轉換一下，請用感性的方式呈現，效果就會完全不同了。

三、用簡單的話術解釋專業

我們臺灣在海邊的防自殺警告標語會怎麼寫？「想想你的家人」。然後就想起了，我就是因為被家暴才走來這裡的，然後就跳下去了。在日本有許多的自殺聖地，他們在運用大數據解析之後發現，在這個岸邊自殺的人的背景，於是豎立了這樣一個牌子，「（少し待ってください）請稍微等一下，你的硬碟．都刪乾淨了嗎？」（見右頁右下圖）然後，原本想要跳下去的人想到，「啊～我的結衣還在家等我呢！」然後就回家去了。自從這支警告標語豎立之後，大大降低了在此處自殺的人們。看出來了嗎？在這裡自殺的人經過統計，以宅男居多。

所以請記住，運用二段式的寫法：

1. 先理性分析受眾的需求。
2. 再用感性去構思要怎麼呈現。

發文技巧

怎麼寫？

寫得好不代表賣得好

沒有人會因為你的文筆好而購買你的產品

賣需求而不是賣商品

用消費者的立場說話

簡單的話術解釋專業

賣什麼？

賣需求而不是賣商品

你的TA想聽什麼？

用消費者的立場說話

藍綠一般黑咖啡
外帶安慰價NT$68.9

（取自OLD MAJOR Coffee粉絲專頁廣告）

怎麼說？說什麼？

簡單的話術解釋專業

日本自殺警語~太中肯了XD
可愛即是正義
https://www.facebook.com/Cute.Animate/
來源:Togetterまとめ

日本海邊的防自殺警語：

「請稍微等一下，你的硬碟，都刪乾淨了嗎？」

小編OS

吾拉魯滋部落咖啡產業館 覺得開心——在 吾拉魯滋部落咖啡產業館。

由 Stin Lee 發佈 [?]・9月7日・Taiwu・

一位同學在上過課後，回家按照前頁所述的三種方式來練習寫貼文。才第一次試著寫，就寫出了比平常進步 5 倍的成效。

事實上這並不神奇，而是找對方向去用心的成果。市面上教你怎麼寫 Facebook 粉絲團貼文的方式有百百種，你成功運用了哪一種？不要只看著別人的成功，自己試著腦筋轉轉看，分幾次寫寫看。有人真心想學會，試著運用的成效是：由平常的貼文觸及 1,000 多，上完課第一次寫就增加了 5 倍觸及，變成了 5,180。

2-5 文案不是文章

文案是這幾年才有的新興名詞，與我們以前寫的文字，甚至是文章，有著從源頭上的不同。文案是為了宣傳商品、企業、主張或想法，在報章雜誌、海報等平面媒體或電子媒體的圖像廣告、電視廣告、網頁 banner 等使用的文字。

文案是：	文章是：
以消費者為主的。	以自己為主的。
尋求消費者認同的。	抒發自我觀感的。
要看結果的。	不一定要有結果。
有目的。	可以自嗨的。
最終是一種商業行為。	一種藝術的展現。

請記住：粉絲團貼文是在寫文案，不是你想寫什麼、高興寫什麼，就可以寫，那是在寫個人動態。文案是有目的的文字，是要造成影響力的文字，是一種商業行為，是需要看最後的成效 KPI。

最近因為和客戶討論商品活動網頁製作，而發現了網路行銷的商品文案是可以有成功複製的模式。因為客戶主要是和國外合作的，所以當他需要製作商品活動網頁時，我們必須去翻譯其他多國已經在網路上販售的商品文案，結果發現有很大的不同。因此，我們還特地拿了臺灣做的相似商品網頁做比較，發現銷售好的商品網頁在網路行銷的商品文案上，有許多共通的特點。

大多數的人寫文案都是在追求怎麼寫出產品特色讓消費者喜歡，事實上若消費者對商品本身不感興趣，商品特色再厲害，還是不會喜歡、不會買。所以，以行銷的角度來寫文案，行銷的寫法應該是：寫消費者利益優先於寫產品特性！以商品的特色為出發點，思考對消費者有利的是什麼？消費者恐懼的是什麼？

網頁的起頭主標最重要，第一步是引起興趣。所以，主標最大的特色是：

1. 實體化	想要確實讓消費者有感，主標的文字必須強而有力，虛無縹緲的形容詞最好避免。
2. 影像化	能夠讓人一看就引發腦中的影像，是最容易讓消費者產生記憶的。這種方式可以先在腦中出現影像，再文字化。
3. 口語化	想要越快讓人有印象，就要越親民。將寫出來的文字唸一次，要像是聊天一般而不是唸課文才行。

在內文中像是部落客那種「落落長」（臺語）的介紹文，其實建議放部落格就好。以網頁而言，除了簡單的介紹，最好後面一整條能夠不斷重複 slogan，讓字句進入消費者腦中。社群也是一樣的，而且還需要更精簡。換句話說，就是完全不需要寫出一整段文章的字。

文案的目的

文案的目的
是改變受眾的觀念
使之行動

文案≠文章

文案		文章
以對方為主	≠	以自己為主
尋求認同		抒發觀感
重效果		重創意
有目的		不一定有結果
是商業行為		以文學為宗旨

小編OS

文案的目的

文案是在發揮並彰顯商品本身的特色，寫出目標受眾者的需求，並且運用各種吸引人的方式展現商品特色，而不是只看有沒有趣、有沒有梗。我們要做的是改變人的想法，從沒有興趣到有興趣，進而願意採取行動。所以，我們仰賴的並不是文筆的好壞，而是靈活的創意技能。需要注意的是：我們只敘述事實，不悖離、不說謊，所有的內容還是必須圍繞在商品本身，這是文案的本質。而如何吸引？上面的文字似乎是要大家寫商品特色。這裡要告訴大家的是，該進階了，與其寫商品特色，不如寫受眾需求，來得更有效許多。

2-6 操作心得分享

這是一位很用功的學生，上課勤做筆記、下課直接問問題，在他身上可以看到臺灣人勤懇實幹的特質。其實幫中小企業上課上多了，就會發現一個事實，大家都有很熱忱的學習心態，也急著想學一招半式改善現況。但是，無論是想轉進網路做電商，或是想善用網路工具做行銷，真正該改變的是思維。

粉絲專頁：《Sweet365 小農的天空》（見右圖）

說實話我沒有什麼特別的，也只是一個不愛唸書的廚師，一開始我也是抱著免費的、去聽聽看也不吃虧的想法，發給我的講義連看都沒看過，反正就帶著吧！因為每次上課的老師總是會說：跟著他的方式操作粉絲頁，鐵定能爆量，一定會帶來業績的。相信很多學員也都是跟我一樣的心態，不過這在第一堂課的「文案不等於文章」時，就改變了。

這要從上課前說起，一直以來，都是自己在家摸索 FB 要如何操作，粉絲頁要如何下廣告，才能讓大家認識我們。還記得我們是從 4 年前開始建立粉絲頁的，以前好容易，只要把產品拍照、寫清楚相關的標示，就可以開始販售了，也有著不錯的成績。但是現在用相同的方法卻是無效的，正當煩惱到底有什麼方法可以突破這個難關時，「文案不等於文章」出現了，太棒了！這就是我需要的嘛！

第一堂課學會了「反差的運用」、「賣什麼？賣的是需求而不是商品」、「怎麼說，說什麼？日本海邊的自殺警語」、「賈伯斯的一次一種需求」……。我很清楚這些都是寫文案很重要的重點，從一開始的連看都不想看的講義，到現在可以倒背如流的講義，這都是我得到的經驗，其中的大數據是我覺得要經營粉絲頁很重要的指標，與大家分享。

粉絲頁：https://www.facebook.com/sweet365TW/

網站：http://www.sweet365.com.tw/

使命：希望可以讓更多的在地農產品有出頭天，也希望可以幫助更多的農家，愛護我們的這片土地。

動態：# 幫忙小農加工次級農產品 # 幫忙小農次級品代工。秉持著 365 天都甜蜜的原則，堅持使用天然的素材，讓人們吃到天然的味道。

關於：我們不是用最好的食材，但我們選擇了無毒或有機的蔬果，我們正在努力的為這片土地，留給下一代更好的環境。

產品：小時候果乾 ~ 芒果 / 紅心芭樂 / 鳳梨 / 傳承無鹽鹹酸甜 ~ 荔枝 / 桂花香蕉

大地的滋味 ~ 洋蔥醬 / 蘿蔔醬 / 淬鍊水果蜜 ~ 芒果 / 桑葚 / 水蜜桃 / 橘子 / 釋迦 / 紅肉李 / 葡萄柚 / 半糖法式軟糖 ~ 綜合 (隨季節)

Sweet365小農的天空
@sweet365TW

首頁
相片
評論
貼文
影片
活動
關於
社群
按讚享優惠
商店
服務內容

建立粉絲專頁

讚 追蹤 分享 …… 瞭解詳情 發訊息

近況 相片／影片

在這個專頁上寫點什麼……

Waylin Chen
★★★★★ · 2015年8月9日
有用了你們的芒果果醬做點心，很香~
感動你們對辛苦農民的用心，共購買了你們家的芒果果醬、水蜜桃醬、紅龍果醬，送禮自用兩相宜。

Angelica Lin
★★★★★ · 2015年4月21日
收到果醬了~ 先開了一瓶桑椹，哇! 天然果純的原味，吃起來好舒服，是吃一次就會想念的味道，可以感受到製作者滿滿的愛心，謝謝! ^___^)))

顯示全部

Sweet365小農的天空的直播影片 ·
21 小時 ·

~你挺小農我挺你~
你的婚禮小物還在用肥皂嗎?
還是小蠟燭呢?
用慢慢熬果醬當婚禮小物即可享有3.8折優惠(最低量需100瓶,口味隨機出貨)
300瓶以上另有優惠…… 更多

1,033 次觀看

讚 留言 分享

57 最相關留言

產品／服務
4.1 ★★★★

社群 查看全部
邀請朋友 對這個粉絲專頁按讚
24,323 人說這讚
14,279 個人正在追蹤
潘世屆和其他 3 位朋友都說這裡讚

關於 查看全部

0955511210
平均回覆時間：立即發送訊息
www.sweet365.com.tw
產品／服務 · 本地服務 · 專業服務

2-7 失敗的案例（一）

一、請使用消費者熟悉的語言

說別人之前，先說我自己。

在臉書還沒有 2% 觸及率的時候，在這一篇之前的一篇貼文，貼文觸及數是 200 多萬人。在這一篇之後，貼文是 40 多萬人觸及。

先說 40 多萬這篇，很明顯是受到上一篇大失敗的影響。所以說「經營」就是相互作用與影響的，別以為一篇成功就成功，也別想 3 天曬網、2 天捕魚的操作粉絲團。

這是一個悲戚的故事（後面還會有很多悲戚的故事）。

當時，我看到了一篇日本的粉絲團貼了一個有趣的貼文，是在說日本有一間拉麵店，如何自製拉麵並且在麵上面印製心經。好特別喔！（見右頁上圖）當下立馬嗅到時事大洗版的味道。於是很高興地分享，並製作了這一則貼文，接下來就開始等著洗版的幻夢。

就在貼文發佈了 30 分鐘過後，別人家出現了一篇相同的貼文。不同的是，那篇是經過翻譯，上面都是中文字。然後，這一篇經過中文翻譯的貼文，開始被大洗版，而且，在二週之後，還上了電視新聞。

而我的呢？就在貼文發佈了 30 分鐘時觸及了 434 人，然後出現了相同的中文翻譯貼文，然後就停在這裡，無人聞問了。不要以為不過一個中文、一個日文，其落差就是可以這麼大。在網路上越直覺、越容易閱讀，就會有越多觸及。

所以，請看看你的：洞察報告→用戶，往下滑。哪一個地區的粉絲觸及互動較多，你的粉絲團是地區性的，還是都會性的。想一想，是不是需要常使用一些地方性用語效果，會更好。應該要寫哪一個種類的消費者語言，洞察報告會告訴你。

二、目的錯誤

看得出來這一篇貼文的目的是什麼嗎？（右頁下圖）

是通知大家進新貨了，快來看？

找一找，哪裡有問題？

目的應該是要大家來看新貨，那麼為什麼要放匯款銀行帳號？這讓我半夜看到廣告忍不住大笑，一整個樓歪的想到，是不是有人被綁架了？綁匪說：在 FB 上等著，會通知你付贖款的方式，記住！不能報警。

目的不清，只會讓人混淆，不能專心把你的訊息記住。

失敗——不可以犯的錯誤（一）

請使用消費者熟悉的語言

Boutique.tw不踢客分享了東京別視点ガイド的貼文。
由蔡沛君發佈 · 3月15日 ·

老闆 我要一碗心經湯麵 不要辣!!
— 覺得超厲害。

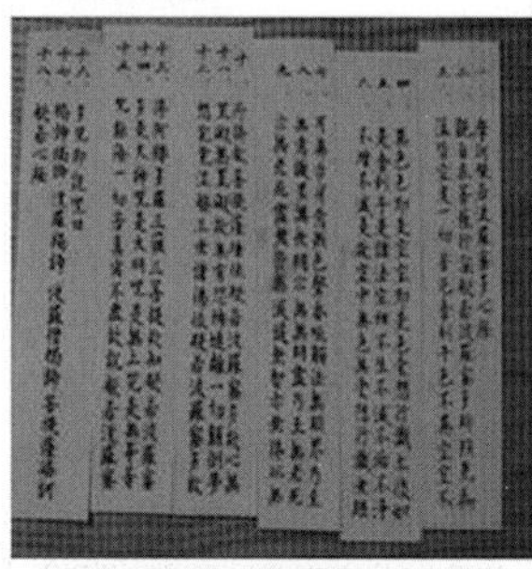

【食べる般若心経】群馬のうどん屋「新田乃庄」には"般若心経が書か…

【食べる般若心経】群「新田乃庄」には"般若

已觸及434名用戶　加強推廣貼文

讚　留言　分享

Boutique.tw不踢客、 Qi Qi Lee 、李花和其他 3 人

目的錯誤

贊助

定期飛韓國挑選新款服飾 韓國期間拍照連線哦 想現場看的女孩可至新竹於是　80號《　門口》 #匯款銀行：華南008 #匯款帳號：

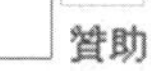

服飾店
974 人說讚。　說這專頁讚

2-8 失敗的案例（二）

三、長文字注意

雖說我力倡四行以內寫完貼文，但是很難避免使用長文字，比如辦活動時，必須將完整的活動內容寫清楚。在必須寫很長的貼文時，請注意，千萬別像案例那樣寫文章。因為太容易看到跳行了，尤其是手機，螢幕小、字更小，跳行找不回來也就滑走了，多可惜！

所以，要寫長文字時，請務必注意使用以下方式：

1. 每隔二到三行，空一行

因應載具的不同，閱讀的方式也不同，可別像以前在寫作文，每段前空二格，你不是寫在紙上，看的人也不再正襟危坐了。正因為如此，現在是以「行動」裝置的閱讀為要角，無論是邊走邊看，還是邊搭車邊看，很難不看到跳行的。所以，精簡、重點、隔行是必備要件。

2. 善用繪文字

現在 Facebook 連貼文的格子內，都有表情貼圖可以使用。請把這些表情貼圖當成是標題重點的裝飾。在重點文字附近加一下貼圖，目的是要讓看跳行的人容易找到標示，而回到原本看的內容位置。但請注意，不要濫用。有時看到一些貼文的貼圖放了一大堆，還用來取代文字。不是不行，而是不能讓人一看就懂的內容，請儘量避免。

四、何謂獨家

有一個新品牌的面膜，想了一招絕佳的行銷方法，他們家的膠原蛋白分子量，是目前坊間最小的，所以想用「道耳吞」這個單位來作為獨家。各位猜猜看，結果是？

我想大家都聽過 SK-II 的 Pitera。你是在哪裡聽到的呢？ SK-II 到每一個國家後，第一件事情就是先做專利註冊。然後開始砸幾百萬強打廣告，讓你認識它的專利 Pitera。

請注意：獨家背後所代表的是「砸大錢」；獨家代表的是，你必須花更多的心力、時間、金錢，才能讓大家認識它。所以，若沒有足夠的資金或時間可以運作，別亂玩。

五、避免樓歪

有時候，有趣的創意不只會帶來意想不到的效果，還會帶來無法掌控的結果。

尤其是像這種玩過很多次的梗，還敢拿來用，不是自找的嗎？

如果不想發生這樣的悲劇，可以有 2 種方式預防：

1. 在文末，還是把話轉回來，解釋清楚的好。
2. 不然在底下用個人身分留言，先做預防。

失敗──不可以犯的錯誤（二）

長文字注意

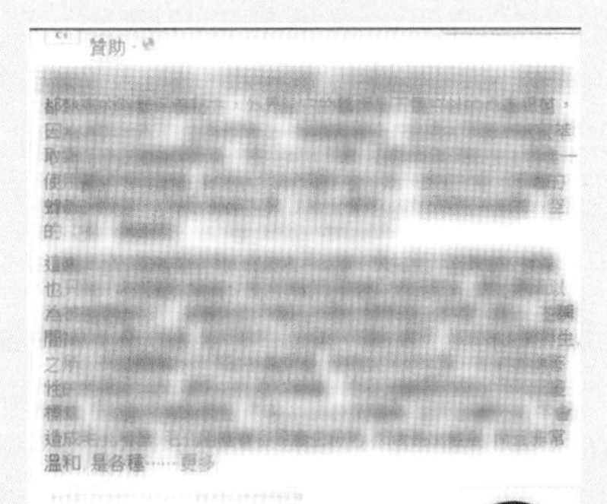

何謂獨家

避免樓歪

我嚴肅的講一件事情
5月14日沒買禮物的
你媽肯定還是你媽
今天5月20日沒買禮物的
你女友還是不是你女友這就不好說了

你和其他 398 人　9則留言 3則分享

醒醒吧 你沒有女朋友
讚 · 回覆 · 7 · 10分鐘 · 已編輯

是啊,版主说的是事实,我女友因为我没在5月20号买礼物现在她变成我老婆了
讚 · 回覆 · 8分鐘

那要看看是在床上 還是在電腦前了
讚 · 回覆 · 9分鐘

前提是你要有女朋友
讚 · 回覆 · 9分鐘

可是 你有女友嗎

2-9 成功的案例（一）

當然，我們也要來看看成功的案例：

一、加值型

商品本身原本就有很明顯的附加價值，這種最容易操作，直接拿來寫也最容易有效果了。若你商品的附加價值不明顯呢？建議你可以拍成影片，效果會好很多。另外，附加價值也可以是有時效性的，如辦活動。主要還是看你怎麼運用。

二、開箱文

偶爾做幾篇比較測試的開箱文，可以讓人覺得你是真的有心在為消費者著想，這樣容易讓人留下好印象。臉書經營不是一天、二天，成功的粉絲團也不是靠一篇、二篇，能夠讓受眾留下好印象的任何方式，都值得一做。

三、時事文

平時按正常編排的模式發文，當趕上時事時，記得爭取黃金發文時間，馬上跟上。如果你想發個好笑的梗，可是不知上哪找梗和圖片，可以到這裡試試：

https://memes.tw/

四、遇到活動贈品太日常了，怎麼辦？

運用相反的宣傳方式。優秀的貼文不要只是看看就算了，做過網路行銷的人就會知道有一種鳥事，叫做贈品太平凡。想當年，我曾經收過一種贈品，是某知名清涼爽口錠，大約 200x100x100cm 的箱子 x20 箱。問題是，這些贈品是交換來的，並沒有簽約，所以不能提到商品名，不能放 logo，不能放相關關鍵字……。

請問，這要怎麼做？

這是一個非常好的辦法，如果當年，我就看到這個貼文的話（見右上圖）。

有創意的貼文絕對可以吸引許多目光和觸及，但偏偏就是沒創意，那是要去撞牆嗎？其實不必，寫些有情感的紀實文，也是可以達到效果的。

成功的案例（一）

加值型

大佛馬克杯
神級威力讓你每喝一杯都有聖光加持

《大佛馬克杯》神級威力讓你每喝一口都有聖光加持
在過往分享過的內容中，我們多少也提到了一點日本的大佛，而當中最有名的其中之一，就是遠遠也能看的一清二楚的牛久大佛了，不管從哪個角度憤樣都十分壯觀外，側面還常常被拿來當作發射氣功的姿勢XD，但是想想佛祖

（2017/7/13宅宅新聞粉絲頁連結原始新聞 https://news.gamme.com.tw/1509531）

運用時事

在臺灣製造業面臨困境時，
我們決定跳出來翻轉臺灣產業跟品牌。
VS.
颱風打掃就靠它！
一支好神平板拖輕鬆搞定

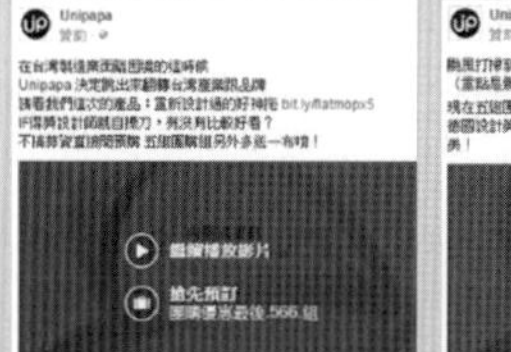

（Unipapa粉絲團廣告）

利用測試文表現你的誠心

日前看到臉書廣告，說這條充電線有多厲害，能比一般的 USB 充電線更快，基於好奇心我買了兩條。

日前看到臉書廣告，說這條充電線有多厲害，能比一般的USB充電線更快，基於好奇心我買了兩條。
簡單說，花了很多時間跟我騎他的線交叉比對，如果跟我買了兩三年以上的線相比，確實有快。但如果跟新的線相比，例如我買小米手機送的充電線相比，速度幾乎一樣。
我是拿平板來比較。

如果是我2013年三星的平板來充QC3.0的快充+這條線，速度沒變。
但拿我SONY Z4這台10.1的平板來使用QC3.0的快充，那速度就快非常多，不管是這條線或小米送的線。

我手上沒有可以測這線的儀器，我也不知道該用什麼器材來測，所以只能土法煉鋼用幾台平板跟手機來對比。

結論，如果是同樣支援QC3.0的線，我感覺這條並沒有更快，但以一般支援QC3.0的線大約都賣200左右，這條線的價格就高太多。
但他時尚加上看起來似乎比較好的包附包材，或許是一分錢一分貨。

希望他能出Type-C，我在來交叉測試看看，不然我現在用Type-C轉接頭去測我的LG G6+，怕有失偏頗。

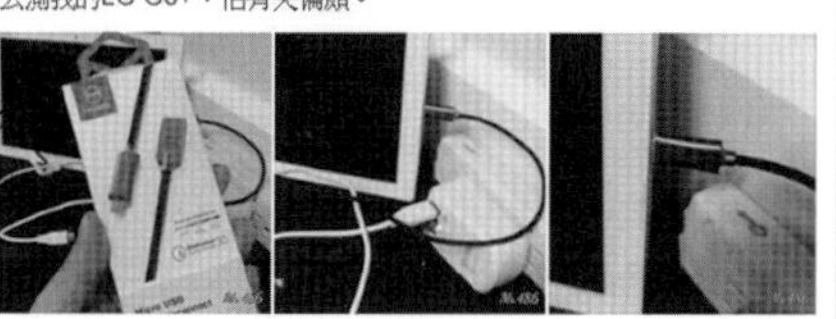

為平凡的商品注入不平凡

西式大湯勺 使用說明書
各種不推薦用法，
敬請詳閱分享抽湯勺及更多印花說明。

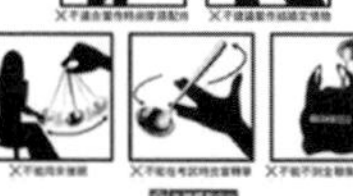

全聯福利中心
【WMF西式大湯勺｜使用說明書】

（全聯粉絲頁2016/11/8 https://www.facebook.com/pxmartchannel/photos/a.135573673179954.2616）

2-10 成功的案例（二）

五、只要能對消費者胃口就是好文

「這款複雜又引人入勝的威士忌，既挑戰了一般人的期待，又反映出合作雙方不妥協的創新精神。呈現出溫潤、辛香而複雜的風味，突顯出蘋果、橘子、太妃糖、乾果和香草的香氣。當釀造美酒的專家，遇上烹飪美食的行家，讓雙重頂尖美味，呈現獨特而美妙的經驗。」—— The Macallan 酒類廣告。

光用看的就已經流口水，完全忘了酒的嗆味，要能運用文字寫出這麼實際，讓人感受到味道的嗅覺多不容易。若是平時喜歡喝國產酒的人，無論是濃郁的還是食用的，看到這些文字的形容，大概會覺得像果汁不像酒，而沒有興致了吧！

所以，你的消費者是什麼樣的身分背景，絕對跟你用什麼口吻寫貼文，有絕大的關係。無論是想要親近還是獲得認同，讓人覺得是同一夥的口氣，是很重要的。

六、創造需求的方式，以八卦的手法最厲害

在後面會提到，創造一種情境將消費者的需求勾勒出來，運用灑狗血的八點檔劇情，是最容易讓人進入情境中的。這種手法無論是哪一類的貼文都能寫。

「學習多一種語言，總是會在出乎意料的時機派上用場，就算你不是客家人，也值得學學今天的例句。不然哪天鄰居的王叔叔突然對你說這句，要是你聽不懂，豈不又造成一樁天倫悲劇？」——客家小吵 2015/12/14（https://www.facebook.com/Fight.in.Hakka/videos/1117583971592781/）。

一般英文的學習，也常常運用電影的經典例句，可是能這麼貼近一般人的生活，我指的是貼近我們一天到晚要接觸的灑狗血劇情，卻從來沒有過。而且，除了這個粉絲團成功的運用之外，也沒看過其他的粉絲團能夠如此靈活運用。

這就是個機會，值得試試。在你的商品主題需求下，如何寫一齣吸引人的情境劇，其實不難。不難的原因是，你不需要鋪陳寫劇本，就把今天看到的影集最精彩那一幕拿來套用，放上自己的商品加以著墨。若連你自己都笑出來了，那一定是個成功的貼文囉。

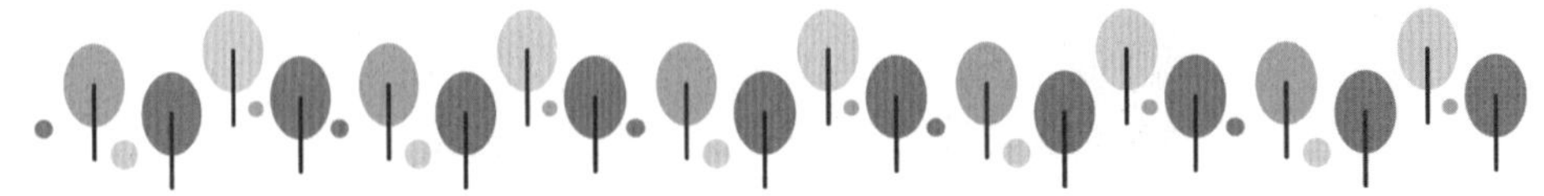

成功的案例（二）

只要能對消費者胃口，就是好文

The Macallan
贊助

讚這專頁讚

【麥卡倫 X 品酩筆記 X 美食佳釀】
麥卡倫 2016 限定版 EDITION NO.2
由麥卡倫釀酒大師 Bob Dalgarno，攜手美食界奧斯卡 Restaurant 雜誌評選世界第一的 El Celler de Can Roca 餐廳，打造眾所矚目的跨界合作。

這款複雜又引人入勝的威士忌，
既挑戰了一般人的期待，又反映出合作雙方不妥協的創新精神。
呈現出溫潤、辛香而複雜的風味，
突顯出蘋果、橘子、太妃糖、乾果和香草的香氣。
當釀造美酒的專家，遇上烹飪美食的行家，
讓雙重頂尖美味，呈現獨特而美妙的經驗。

你呢？最喜歡搭配哪些美食與 EDITION NO.2，在今晚與你的舌尖相遇。
#當舌尖遇上頂尖

1,467　16則留言　30則分享　5.3萬次觀看
讚　留言　分享

創造需求的方式——以八卦的手法最厲害

【075 不，我是你爸爸。】
學習多一種語言，總是會在出乎意料的時機派上用場，
就算你不是客家人，也值得學學今天的例句。
不然哪天鄰居的王叔叔突然對你說這句，
要是你聽不懂，豈不又造成一樁天倫悲劇？…… 更多

2-11 文案的精華在標題（一）

以FB而言，就是前四行。當你寫超過四行時，FB在文末就會自動變「更多」。想想你自己看過多少貼文，有多少篇會促使你去按「更多」？這就是為什麼會希望大家用寫報導的形式寫貼文。先努力降低你的文字量；換句話說，是先把你要表達的文字練習寫得精準。這個精準，不單單是清楚的表達，更要能以你的消費者角度、口氣、思想來表達。不容易嗎？多練習幾次，就會變簡單了。

一、Facebook 開放關鍵字搜尋

之前有風聲說 Facebook 挖角了許多 Google 的工程師，結果，在前幾個月 Facebook 的搜尋默默改變了。以前，你必須在貼文中下 #HashTag，然後在 Facebook 搜尋中才能找到這則貼文。現在不用囉！現在只要像在 Google 搜尋一樣，使用關鍵字搜尋就可以找得到貼文了。而且，在貼文的內容中還會自動幫你加一層淺藍色標記出來。如此一來，SEO 愈發重要了，該怎麼寫是不是有需要調整呢？我覺得，吸引人點閱依然還是最重要的。至於 #HashTag，它的功能大概就只剩下變顏色囉！

二、Facebook 官方說明

在 Facebook 上可以搜尋什麼？

你可以在Facebook上搜尋其他用戶、貼文、相片、地標、粉絲專頁、社團、應用程式和活動。使用關鍵字開始搜尋（例如：「凱若琳的婚禮」），就會看到可供篩選的搜尋結果清單。你可以試看看進行以下的某些搜尋，取得靈感：櫻桃爺爺臺北披薩店、咪咪的餅乾食譜、夏威夷旅館。

你也可以結合字詞，或是加上地點、時間、愛好和興趣等，以取得更具體的結果（例如：家住舊金山的朋友）。

三、哪些內容會出現在搜尋結果中？

獨特的搜尋結果是根據以下因素而定：您與人、地點和事物之間的關係鏈。

你在 Facebook 上可看到的內容，包括朋友與你分享的內容。

你的朋友、關係鏈及興趣，都會影響搜尋結果的顯示順序。

用戶的隱私設定。例如：如果你搜尋「巴黎的相片」，你會先看到朋友所拍攝及分享的相片。搜尋結果中，可能會出現朋友以外的用戶貼文，這是因為你是該則貼文的分享對象。請記得，所有人都可以看到公開貼文，包括非 Facebook 用戶。

四、搜尋時要如何篩選結果？

若要篩選搜尋結果，在 Facebook 頁面上方的搜尋列中輸入搜尋字詞，或選擇建議字串中的字詞，點擊上方的篩選條件（如用戶、相片）來縮小搜尋範圍，點擊左側頁籤「篩選搜尋結果」下方的選項，進一步縮小搜尋結果範圍。

標題

文案的精華

廣告之父大衛 · 奧格威說：
閱讀標題的人數
是閱讀內文的 5 倍
你的標題
沒有吸引到受眾的目光
就浪費了 80% 的廣告費

標題SEO

【羅蘭達純銀】畫框裡的蝴蝶
古典氣質美！
框邊四周與蝴蝶鑲滿鋯石
閃亮奢華風情、925 純銀耳環

耳環 925 純銀、鋯石框邊蝴蝶
「羅蘭達純銀」古典氣質美！
閃亮奢華風情
1. 功能種類 2. 特色 3. 材質
4. 造型 5. 店名 6. 形容詞
只剩變顏色功能

網路行銷的績效構成

網路行銷

篩選搜尋結果

發佈者
任何人
你
你的朋友
你的朋友和社團
選擇來源……

已發佈到社團
任何社團
你的社團
選擇社團……

標註的地點
任何地方
台北市
選擇地點……

蔡沛君
5月10日

從開始接觸網路行銷起每次和老闆開會最常聽到的是：每個月都沒有績效，你們到底做得對不對，這些網路平台到底有沒有效。

事實上若想要立即看到績效請去下廣告〈其實在網路上的操作本來就是如此，強力建議要經營網路一定要將廣告納入成本預算〉。不然網路行銷的績效，無論是網站、部落格、社群經營，絕對是累積夠了能量之後的一次爆發。

#越忙越多OS然後就有越多文章在排隊

2-12 文案的精華在標題（二）

標題四類

標題除了是文案的精華，也被放在最醒目、最吸引人的位置。曾經有學生問過，寫貼文時，都要用寫標題的方式寫嗎？其實不是的，寫 FB 的貼文是看你的需要，並不需要有固定的形式，只要能達到目標，要怎麼寫、要不要用標題都行。使用這種方式只是讓你在寫貼文時，比較容易達標罷了。所以，我們另外講四種可以很容易就吸引人關注的標題寫法。

一、數字型

在文字之中，會最先進入大腦中被解讀的是數字。這是屬於生理的運作，並非刻意的。所以，大家才會那麼普遍的運用。善用數字在前四行中，是很容易、簡單的方法。如：年 / 月 / 日、時間、折數、價格，都是很好使用的做法。

二、提問型

其實比起去留言互動，很多人更喜歡的是看留言。現在的 Facebook 這樣的傾向越來越嚴重了。所以，剛開始互動不高的粉絲團，記得找朋友去留言，慢慢帶動後，你的粉絲就會開始有習慣留言了。疑問句除了可以吸引人停留外，更是容易產生互動的好方法。擅用疑問句，容易引起互動，再加上自己也可以先用個人身分上去留言，漸漸的，下方也就會開始出現互動了。之後，記得一定要回覆，有了良好的回應跟鼓勵，粉絲就會喜歡去留言。

三、利益型

這是一開始就切入正題，讓消費者一眼就確認喜不喜歡、要不要，只要能精準的切入受眾，很容易讓人立馬下手。這尤其對內容不強的商品，是很好的彌補辦法。

四、恐慌型

就是威脅型，也是飢渴行銷的一種。這尤其對商品已經有些許認識的人更受用，像是「最後倒數」、「剩下多少，不再進貨」之類都是。

小編OS

有上過課的人就知道，我非常喜歡舉我買鞋的例子。

因為腳大，從小就沒穿過合腳鞋。自從在網路上試買過一次大腳鞋後，從此就沒在別的地方買鞋了。而這家店在剛開始營運時的狀況並不好，寄東西等很久，且是從中國工廠寄送，打開還有化學味，要先去晾三天除味才能穿。這種狀況下，常讓人覺得他快做不下去了。所以一旦有什麼風吹草動，就很怕他收攤，因此曾經最高紀錄一次買十二雙鞋。幸好！他現在做大了，還開了門市。

這就是最典型的恐慌型啊！

標題四類

1 數字型
2 提問型
3 利益型
4 恐慌型

標題除了是文案的精華
也被放在最吸引人的位置
重點就在於「讓大家會有衝動想要繼續看下去的念頭」

數字型
最簡單
最多人使用

提問型
容易引起
共鳴與互動

霸凌 是什麼
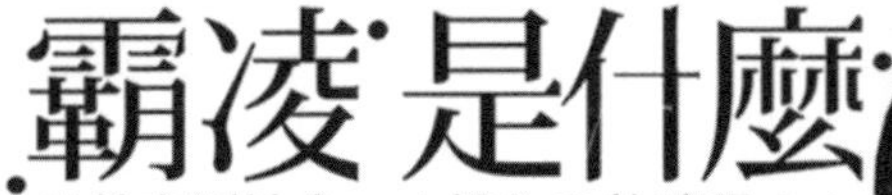

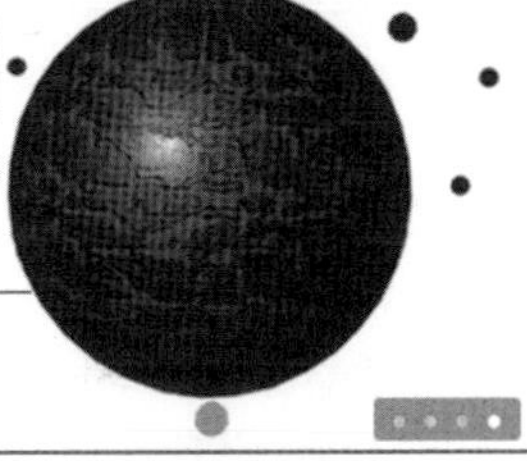

利益型
直接了當
讓有需求
的人駐足

恐慌型
減少考慮
的時間

做第二天的规划
天至少看 10 页书
甩掉 1 个坏习惯
2016年剩下最后100天
每天做一点改变为你的2016年做个交代
积攒 1 笔存款

（博客來活動banner）

Date ______/______/______

第三章
吸睛圖片新觀念

3-1 色彩的重要性

圖和文哪個重要？先說，無論選了哪一個都還好，只能二選一。因為當二個都重要時，結果就會出現可怕的「長輩圖」。這完全是人腦構造的問題，圖片的訊息本來就比文字的訊息更容易被大腦接收，所以當你看到一則貼文時，會先吸引你的注意而停下來的，是圖片。接下來要吸引人了解更多或點進去的，則是文字。所以，圖和文是相輔相成的，缺其一會很吃力。

現在是不是大家都知道，圖片一定要調過飽和度了呢？因為近年來，食安的問題太嚴重，導致飽和度調得太過頭，反而會讓人覺得人工化合物調太多的感覺，請務必注意。

就色彩而言，必須先了解的是最基本的——色彩三要素：

1. **色相**：即色彩的相貌。指的就是紅色叫做紅色、藍色叫做藍色，藍綠色呢？若不確定算藍色還是算綠色，我們通常會用 CMYK 的英文取代。

2. **明度**：即色彩的明暗度。指的是淺紅色到暗紅色中間的差異。

3. **彩度**：即色彩的飽和度。指的是鮮豔的紅色到灰暗的紅色之間的差異。

圖片的色彩在貼文中為什麼會特別重要呢？這就要來談談下一個單元：關於社群網路中的色彩心理學。在網路的世界裡，因為使用習慣不同，還有載具的不同，進而衍生出與傳統不一樣的狀況。

這是來自 Curalate 開發的軟體，透過分析社交網站上數以萬計的照片，用三十多個不同特徵來比較，包括面孔的出現、材質、飽和度、亮度、照片比例等，然後再比對與 like、share、comment 等數字，以判斷哪些照片「最被分享」。（《色彩心理學》——引用作者 The Nok 譯）

為了讓大家了解色彩的重要性，原本雙色印刷都變成彩色印刷了！看看我們編輯群多有誠意，希望讀者能因此獲益良多。（小編超超超感動的呀！！！）

圖VS.文——誰重要？

色彩的重要性

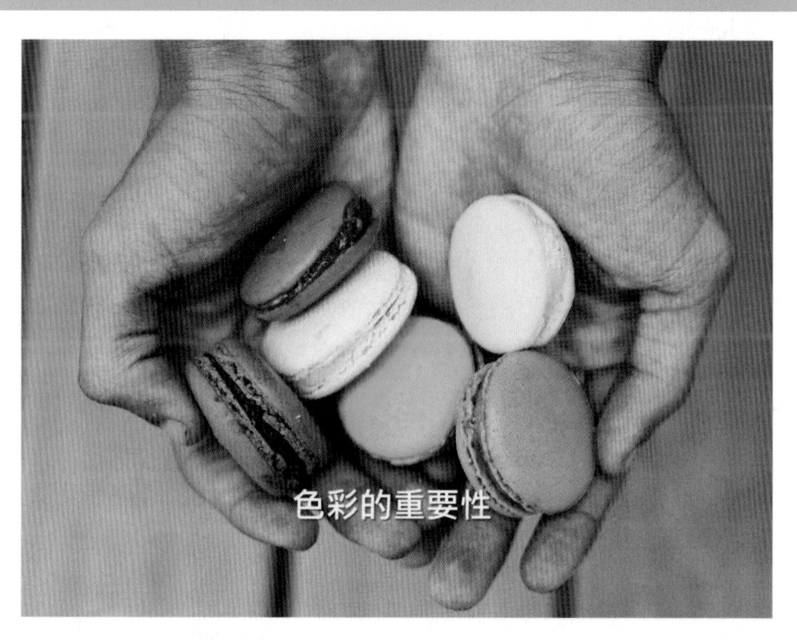

3-2 色彩心理學

一、暖色調比冷色調受歡迎

人們因為害怕受傷害而躲到網路上，但是人類卻因為無法離群索居的天性，所以還是一天到晚在網路的世界裡尋求溫暖，這是多麼矛盾的狀況。

正因如此，在色彩心理學中使用紅橙色系變得比使用藍色系來得更受歡迎。換句話說，包括圖片，都需要以人性作為考量。溫暖的色系、溫暖的動作、溫暖的表情……，在虛擬的世界中更需要加重口味，讓無法身歷其境的人也能感同身受。

二、多色比單色更受歡迎

這是因為 FB 的貼文特性會不斷更新，再加上現在手機的使用率已遠遠超越電腦了，在小螢幕中顏色不夠突顯，很容易就被忽略滑走。因此，即便是我們以前在學校學的，運用照片上的精緻度來吸引人，在手機當道的這個世代，已經無效了。取而代之的是，如何在越短的時間內吸引眼球駐足，才能發揮效益。運用豐富色彩以求刺激，也就遠比單色調或是類似色的營造情境，更容易讓人停下來了。

三、正常比例比特殊比例更受注目

以前在學校學習的一種方式，使用特殊比例容易因為不平衡導致眼球停留，主要是使用在平面雜誌上。但是，當你使用手機時，運用特殊比例的下場不是被切掉，就是有黑色背景填補。因此，反而滿版的正常比例更具有延伸性，更容易吸引人的目光。現在的手機螢幕比較趨近於 4：5。另外，除了比例需要注意外，使用手機的習慣是握長形的，因此接下來的圖片尺寸趨勢將不再是橫形的 Banner，而會是正方形及長條形的。

四、注重功能性

沒臉的比較受歡迎，為什麼？

在 Google 及 Facebook 前些年努力打擊圖文不符下，大家再看到無意義的美女圖狀況已經減少很多了，不過還是常常會看到像是賣胸罩的，一 PO 文秒讚的是男生。這類狀況就要注意，因為這些人不會買你的東西，也不會去跟其他人討論你的商品。反倒不如強調實用性、強調特色，讓會買你東西的人產生興趣，進而點入購買，效益反而大些。

所以近年來，反而教學性質的，如：做菜、DIY 這類貼文大受歡迎。這也是一個貼文趨勢，用這種方式介紹你的商品，點擊率一定會好很多。

色彩心理學

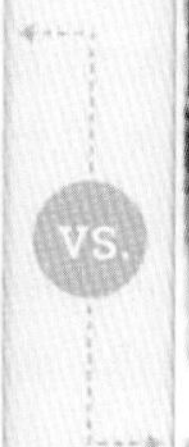

色彩比較，
紅橙色系比起藍色系
多 2 倍分享

擁有多個主色的照片，
比單主色的多 3.25 倍分享

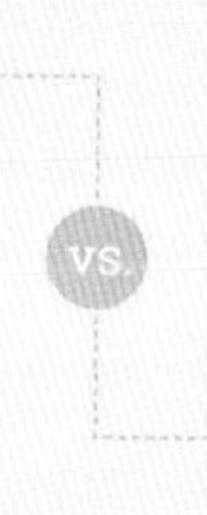

4:5 比起 2:3
多 60% 的分享

沒有面孔
原來更受歡迎

3-3 構圖的基本原則

因為網路行銷的需求，加上現在現成製作圖片的外掛 APP 很多，所以大家都會想要學習圖片的製作。但是，這些教學似乎都請攝影專家來教授居多。為什麼反而不是請網頁設計的人教授？這中間的落差是什麼？在這個單元中，你就會感受到了。

有學過構圖的人一定聽過很多構圖技法，例如：黃金比例、九宮格等。

記得以前唸書的時候，教畫畫的老師跟我們講過，構圖只是個「X」（消音）。原因是古時候先有了那些世界名畫，後來才有一些哲學家、數學家穿鑿附會出這些構圖方法。

在我們當初學畫畫的時候，老師根本就不教構圖。甚至有老師會說東西放正中間沒有什麼不行，也不會有不能用什麼顏色、調什麼顏色的忌諱。這些老師都是受正統繪畫訓練出身的，所以他要告訴我們的是，藝術創作不需要設限，它可以有無限的可能。

這也就是接下來希望大家能夠了解，製作圖片沒有什麼一定要怎麼樣，我們是因為要配合載具的關係，應該要調整的，就必須要調整。

「井字構圖法」是運用最普遍的一種構圖方式，除了製圖軟體時常看到外，在攝影時也經常被使用。如何運用？其實只要把你的主題，無論是商品還是文字，只要是重點放在橫與豎交會的地方，就會是視覺重點的位置了。

這個基本的運用，應該大家都懂，不過有發現嗎？這個我們已經運用許久的構圖方式，它是橫式的。以往以桌上型電腦為主要的載具運用，現今已經必須要配合手機的載具運用，改成直式的了。

當然，井字構圖也能用直式的啊！不過基於手機螢幕小，又必須配合易於行動中觀看，因此構圖的方式也就必須有所改變。

小編OS

若你覺得自己完全沒有美感，也沒學過構圖，那就太好了。因為接下來直接跳學進階，那就會非常容易了。

構圖的基本原則

經典三分法與井字構圖

3-4 野獸派

由於大部分人對「野獸派」名稱望文生義的誤解，產生對野獸派凶猛的概念化印象，認為只要使用強烈、任意、鮮豔的色彩，與大膽、狂放甚至是粗魯的畫法，就稱為野獸派。

一、代表畫家：馬蒂斯

二、野獸派的特色

野獸派的繪畫特色，是在色彩與空間上做了革新，以有組織的色彩——彩度變化無立體感、無遠近變化、無透視原理，取代傳統主要以素描具遠近變化、透視原理、明度變化的立體感。簡言之，即是以「色彩－空間」取代「光線－空間」。

慣用紅、青、綠、黃等醒目的強烈色彩作畫，單純化的線條做誇張的表現形態（以線條為主要的表現手法）。平面化構圖，放棄傳統立體畫構圖的遠近比例、明暗法的表現，採用陰影面與物體面強烈的對比色運用，脱離自然的摹仿。

三、為什麼要特別介紹野獸派？

Facebook 粉絲團圖片做得好不好，攸關到觸及的人會滑走，還是留下來。

若是有點攝影概念或是上過網拍課的同學們，一定有上過構圖課吧！那種黃金比例、九宮格法、對角線交叉法等，上課時看別人的照片都超美，自己下海拍時，就是少了一點味道。然後配備越買越貴，最後還是不得不花錢給專業的拍。當然，要用正統的方式怎麼比得過專業人員。所以，今天介紹一種其實大家經常看到而且實用的方式。

四、野獸派的構圖技法

因為野獸派要表達主觀的感受，於是將景物予以簡化，反而讓畫面富於裝飾性。這些條件正適用於現代社群貼文的特性——圖片不大，觀看時間不長。再加上現在使用手機為主的觀看習慣，做太多細節，除了注意力無法集中，主要是觀看者也不會停留太久去欣賞。

五、野獸派構圖最大的特色是——「破圖」！

為了突顯主題內容的特性，不太需要維持圖片上所有元素的完整，而且越簡化視覺效果越集中。我們就來看看，野獸派的構圖法有什麼特別之處（右頁圖）。

野獸派（法語：Les Fauves）

野獸派是 20 世紀率先崛起的象徵主義畫派，畫風強烈、用色大膽鮮豔，將印象派的色彩理論與梵谷、高更等後印象派的大膽塗色技法推向極致，不再講究透視和明暗，放棄傳統的遠近比例與明暗法，採用平面化構圖、陰影面與物體面的強烈對比，脫離自然的摹仿。

小編OS

野獸派是 20 世紀以後，最早形成的藝術運動之一。野獸派的畫家受後印象主義影響，認為繪畫要表達主觀的感受，不做明暗表現，常大膽地應用平塗式的強烈原色和彎曲起伏的輪廓線，並將描繪的景物予以簡化，畫面頗富於裝飾性。

野獸派是產生於法國巴黎的鬆散美術團體，並無共同的宣言和目標，其名稱是在 1905 年，巴黎的「秋季沙龍」舉行之際，一群反抗學院派的青年畫家，紛紛提出個性強烈而自由奔放的作品參展。當批評家沃克塞爾（Vauxcelles）看到這群青年畫家的激烈畫作時，頗為讚賞，且在此展覽室的中央，剛好陳列了雕刻家馬爾克（Marque）所做的一件接近杜那得勒風格的雕刻〈小孩的頭像〉，於是沃克塞爾指著這件雕像說：「看！野獸裡的杜那得勒。」於是野獸的稱呼便被用來指這群青年畫家。

3-5 印象派

一、印象派的特色

印象派繪畫的特色在於借助光線與色彩的變化，來表現畫家在瞬間所捕捉到的印象。他們認為從表現光線的過程中，就可以找到繪畫藝術的一切。因此，印象派繪畫技法的基本原理就是色彩分解。

換句話說，是運用光譜中的純色作畫。像這樣，在畫布上並列不同純色而讓觀看者運用自己的視覺，自行加以混合顏色的做法，可以保持每一種純色的鮮豔度和飽和度，從而創造出更強烈的色彩印象。

二、印象派的色彩技法

印象派畫家的風景畫，把過去被忽略的許多現實色調變成主角，這無疑是印象主義做出的巨大貢獻。不過，由於藝術家的全部注意力都集中在光線和空氣對色彩的影響，使得畫布上所描繪的外型變得越來越不重要了。

也因此，印象派成了現代繪畫的源頭。

這樣的色彩運用，對現在使用電腦螢幕觀看是有很大的加分效果，因為螢幕使用的是色光——光線的運用，和以往我們觀看紙上的色料——顏料的運用，是有本質上的不同。這最大的不同，就在於對色彩的重視。

三、構圖用野獸派，色彩用印象派

配合手機行動的運用模式，現在最適合使用的是——構圖一個重點，其餘是虛化或是裁切。以顏色為主角，加強飽和度與重視配色的運用模式。

如果你覺得很難的話，那麼請運用手機 APP 做圖，這是女生最擅長的，用這種方式效果好，而且你一定會。

小編OS

沒想到這種以光線為主角的畫法，在日後數位科技出現後，反而成為一種非常重要的概念，開始在百年後的現代，成為熱門的藝術派系。

印象派（英語：Impressionism）

印象派是指於 1860 年代法國開展的一種藝術運動或一種畫風。印象派的命名源自於莫內在 1874 年的畫作《印象・日出》，遭到學院派的攻擊，並被評論家路易・樂華（Louis Leroy）挖苦是「印象派」（起源）。

增加商品內涵——文青式

讓顏色說話——無招勝有招

3-6 構圖的進階原則（一）

同樣的貼圖，是要表現穿戴在身上的效果，還是突顯商品本身的質感？哪一張容易吸引人停留下來觀看？其實看右頁圖的比較，就非常明顯了。

左邊完全沒在管構圖，甚至連項鍊本身的完整性都沒在管了，完完全全只有一個重點，其他一律無所謂，結果就是很強烈自信地突顯飾品本身的存在感。（圖一）

有看過披薩廣告嗎？回想一下，印象中的披薩廣告有看過完整圓圓的樣子嗎？（就算有，也沒印象了吧！）圖二左圖不用完整構圖，反而能將食材清楚的呈現，看起來更好吃了。

・ 社群圖片請都使用近景

我們再以圖三做說明。現在的貼文圖片完全為生手亂拍的遠景圖片，已經不多見了。目前較常見的是使用中景，所謂的構圖氣氛較為完整。而我們建議大家使用的則為近景，以商品為主體，其餘的部分請單看線條來做布局。也就是說，雖然人物是被切掉的，但還是須注意細節，如：臉部線條、頭髮的線條、鎖骨的曲線、衣服的紋路等。而這些布局最主要的，還是要突顯出商品是主角。

另外，為什麼不再更近些只突顯商品呢？因為這麼近等同於是商品照了。以社群的貼文圖片而言，作用是讓人停下來，然後點進去。這時，使用情境照才會呈現最好的效果。

還有一個重點是，這個不完整的圖，用手機就可以拍了。很驚訝嗎？在網路上，我們需要的解析度只要到 72 dpi 就可以了，印刷品才需要到 300 dpi 這種高解析度。以目前的手機而言，大多可以勝任。

還在努力研究怎麼拍才好看的你，是否有想過，重點不在於好看——我們需要的不是藝術照！在一片血海中想殺出重圍，就必須採奇襲策略。誰的方式新鮮、突破傳統，或許就是出奇制勝的方法。

拿起手機試試，隨便抓幾個角度，重點是你想要呈現的是什麼。其他的，不～重～要。

圖一

圖二

圖三

中景

一般商品情境照

近景

野獸派構圖

X

一般商品照

小編OS

今年，臉書又再次強調了圖片集中視覺的重要性！ Facebook 認為，由於現在都以手機觀看為主，傳統強調構圖的圖片不再適用。

圖片來源：Lucky Shrub, @luckyshrubtest

3-7 構圖的進階原則（二）

・美式構圖

美式構圖最常出現在美國影集的宣傳劇照中，它的圖片重視氣氛，只有一個重點就是主角，其他的呢？配角的構圖位置是——努力的、極致的——向男主角靠攏。但絕對不可以遮蓋到主角，也不可以有任何的花俏突顯，讓視覺效果蓋過男主角。

更誇張的，還出現過文字繞著主角旁邊，因為字太多了，所以形成了一個人形。

因為接案的關係，接觸到了美式的版型，在國內只要是用國外的圖，都需要符合國外企業主的規定，也就是做圖前，會有一份差不多 100 頁上下的規則。細讀之後發現，其實全篇就是要求：

一個視覺重點，其餘的則是以最貼近但不影響主角為原則的布局在四周。

它的好處是：氣氛做到了，然後簡潔、清楚、明瞭，並且最適用手機模式，重點是 3 秒鐘剛剛好讀完。可以多參考美國的電視影集劇照、海報或是雜誌封面，很多都是這麼使用的。

因應 Facebook 粉絲團社群人口的特性，「在粉絲團上，人們視線停留的時間，電腦螢幕為 2.5 秒，手機甚至只有 1.7 秒」，幾乎是一眨眼就會錯過你的素材。對於這個不爭的事實，若還是用以前的構圖方式，實在太吃虧了。

事實上，手機模式更適用美式構圖這種方式。

那麼前面介紹的野獸派呢？其實一點都不衝突，兩者可以混合靈活運用，而且都非常適用於近景式的構圖。

再加上近來接了幾個和國外合作的臺灣網頁製作，發現不是只有美國，連日韓在單張網頁圖片的比例上，已經都是製作長形的圖片了，這完全是因為使用手機瀏覽的人比使用桌上型電腦瀏覽的人多太多了。而臺灣的觀看網路習慣，也是以手機居多，但是卻很少看到該有的改變。

相較於以前的橫式構圖，進入手機後，完全被縮小的狀態，你需要改變的是：

運用近景表現一個重點，利用長形放大圖片視覺效果。

別人還做不到，但你先做了，就能比別人跨更大步，取得先機。

構圖的進階原則

美式構圖

取自GQ Taiwan 2016年粉絲團封面（彭于晏）

作者自製，圖片來源：moviedj.tw電影DJ網《驚嚇陰屍路》第二季活動網頁

Facebook官方說明：如何讓相片在動態消息上脫穎而出。

一篇貼文裡，能最先吸引用戶注意的部分就是「圖像」，因此請審慎選擇並調整您的廣告圖像，不必操之過急。廣告圖像是用戶了解您業務的管道，不過這並不代表您一定要有高級攝影器材，或一定要是一介攝影大師。只要遵守下列幾個祕訣，您也可以擁有精美的廣告圖像。

一、吸引用戶的注意力

1.呈現單一焦點

確保圖像上只有一個吸引注意力的焦點，如果單一圖像上重點過多，建議您選擇輪播貼文或影片貼文。當您拍攝相片後，也可以考慮裁切相片，呈現合宜的邊框。

2.一致的視覺效果

這句話的意思是，您的相片應該避免以下三個問題發生：
解析度低（會導致像素化）、模糊不清及添加美工圖片。若要避免這三個問題，您可以在光線充足的地方，使用智慧型手機拍攝靜止物體（您自己的手也可以入鏡，當作相片中的配角）。您也需要注意廣告對相片尺寸的規定（正方形還是長方形）。
確保一致的視覺效果，讓用戶能輕鬆認出您的貼文，用戶才會，「停指」觀看您要傳達的訊息。

3.為行動版打造流暢體驗

設計貼文時，您必須考慮到貼文顯示在行動裝置上的畫面，像是各個圖像或影片元素的大小，並以手機檢查完畢後，再正式刊登廣告。

4.運用吸睛圖像

選擇有趣的拍攝主角，拍下高品質的相片。使用高解析且簡潔俐落的圖像，留意拍攝的角度與燈光。不妨使用智慧型手機的應用程式與濾鏡，調整出引人注目的圖像。

5.打動用戶的心

引起用戶的注意後，別讓他們後悔為您「停指」。好好把握這個機會，以創意十足的方式傳達您的重要訊息，讓用戶慶幸自己有停下來瀏覽您的廣告，也對廣告留下深刻印象。

6.融入您的品牌精神

我們發現若要與用戶聯繫，並讓用戶記住貼文，品牌建立相當重要。不過，我們也不建議您將品牌標誌放置於圖像正上方，您可以在圖像中增添品牌元素，以最自然的方式在圖像中加入您的標誌、商家地點或產品。

二、鼓勵用戶採取行動

成功吸引了用戶的注意後，現在就是鼓勵消費的大好時機。您可以告訴用戶能獲得什麼好處，以及商品或服務的優點，讓他們照您的意思採取行動。
1.運用文案或行動，呼籲按鈕。
2.利用廣告創意，鼓勵用戶進行互動。

三、如何打造精美圖像

Facebook讓您全面觸及重要顧客，與他們分享動感圖像。但若要達成這個目標，您必須先製作出精美圖像。我們為您提供下列幾種方式，幫助您製作效果出眾的圖像。無論您選擇何種製作方式，都應測試多組不同圖像，從中找出成效最佳的圖像。

1.自行拍攝相片

如果您沒有足夠預算聘請攝影師，但想要在廣告中突顯商家特色，不想使用資料庫中的圖像，就可以選擇自行拍攝相片。
您不必受過專業訓練，也不需要使用昂貴的相機，您的智慧型手機就能拍出令人驚豔的好相片。
首先挑選一個有趣的主題，接著仔細調整拍攝角度與光線，您還可以運用應用程式或濾鏡美化相片。有時候，您只要呈現商家的位置，或是將某人使用產品的畫面拍攝下來，就能製作出成效最佳的圖像。

2.使用資料庫中的相片

若專業拍攝成本太高，也別讓沒有高品質的相片成為您建立廣告的阻礙。這個時候，您可以選擇運用資料庫中的相片。
透過 Facebook 的資料庫獲得數以百萬計的圖像，免費使用 Shutterstock 包羅萬象的圖庫。Shutterstock 圖像皆已取得商業授權，可供所有 Facebook 廣告格式使用。

3.聘請專業攝影師

專業攝影師能為您的廣告拍攝高品質的相片，但您的工作不只有支付攝影師的薪水，廣告的相片將要與可愛的嬰兒照以及別人的豪華晚餐競爭，因此您必須以商家特色為中心，想盡辦法讓相片脫穎而出。您的員工、商家環境，還有產品，請挑選能夠抓住廣告對象注意力的影像，讓他們在瀏覽 Facebook 時，注意到您。

4.圖像最佳做法

無論您想要展示產品目錄，或是以不同方式呈現單一產品，都可以善用圖像傳達品牌故事。
根據您的受眾對象選擇適合的圖像。您可以依照目標性別、年齡或是其他人口統計資料，找出最能引起共鳴的圖像類型。
測試多組不同圖像。無論您以何種方式取得圖像，都應多準備幾組作品，測試每一組圖像，找出效果最出色的一組。
圖像內容是關鍵。有些商家發現簡單呈現使用產品畫面，像是拍下某人手持電話的相片，就是最有效的圖像。

3-8 如何創造吸睛的梗圖（一）

Facebook 粉絲團貼文的圖片製作一直是讓所有小編費心的，要做出令人駐足的圖片不容易，而要做出令人印象深刻的梗圖，需要花的心力更是讓人白頭。在圖片的內容上，如何能創造吸睛的有梗圖，有幾個特點：

一、有人更虐心

這是因為同類相吸的心理因素，有人比沒有人一定更有感。大家一看就知道，圖一是最經典的 911 事件代表圖。當過了許久之後，911 成為歷史事件，未曾經歷過的人，看到哪張圖會更驚悚呢？我來說一個故事。

當 911 一開始發生時，許多記者都趕到現場做立即採訪。當時，有一位記者就是站在尚未倒塌的大樓下，進行實況轉播。雖然他背對著大樓，但是在他背後不斷地傳來巨大東西墜落的聲響。在採訪到一半時，他再也忍不住了，他對著鏡頭向觀眾致歉，他說，他必須離開，他再也無法站在此地為大家報導。因為，那些在他背後不斷地傳來巨大東西墜落的聲響，每一聲都是一個人……。

說到這裡，當你看到上下二張圖時，對於 911 事件，哪一張讓你更有感覺呢？

像是需要募款，引發同情心的貼文，有人物的圖絕對比場景圖更容易激發同情心。

二、動物與小孩是必勝技法

動物、小孩一向是不敗的梗。大家都知道這兩者最不受控，要規定姿勢拍攝並不容易，所以反而多是最真實自然、不做作的意料之外圖片。（圖二）

不做作就是最珍貴的，這也是為什麼一些關於寵物和小孩的粉絲團，一直都這麼熱門。

「可愛即無敵」，這麼做就對了。

三、讓肢體展現專業

不需要用一堆道具或文字形容，單純的將動作或行為展現出來，這就像前面所述，整張圖只呈現一個重點，這樣的效果反而更能呈現想要傳達的意境。就像是文字用新聞報導形式撰寫一樣，先給人一個吸睛概念，停下來，有興趣再往下閱讀。（圖三）

小編OS

想想我們公家機關呈現的圖片，為了講述許多事情，畫面琳瑯滿目，自然也就少了專業形象。

擬人更觸動人心

圖一

動物＋小孩是必勝絕招

圖二

展現專業，這樣就夠

圖三

3-9 如何創造吸睛的梗圖（二）

四、一目了然的比較圖

我們在看貼文時，第一眼就是先看到圖片，然後再看看附加說明的文案。圖一很明顯的看圖秒懂，文字寫得怎麼樣，已經不重要了。不看文字，看得出來它所敘述的是哪一罐好喝，很明顯吧！捏掉的，就是不好喝的；沒捏掉的，則是好喝的。以行動代替文字是最容易讓人一看圖就懂的。所以，善用比較圖是非常直覺的傳達方式。

五、不同的目的，就要用不同的圖片

有時候常看到一些很偷懶的貼文，圖片一樣，僅文字形容不同。你究竟想傳達的是什麼？想給消費者什麼感覺？只有改改字，當然不夠。（圖二）

感覺是很直覺的，千萬不能偷懶。

六、最引人注目的是情境圖

這裡要來解說一下，在網路上商業使用的圖，可以歸納出三種：

1. 情境圖

目的：在吸引人點入，是獲得轉換數中重要的因素。（圖三）

正因為情境圖最重要的是吸引人點進去，所以重點是要營造情境來吸引人；換句話說，營造情境有很多方式，最糟的是直接拿商品照製作，這是效果最不好的。幾年前相當流行一些圖文不符的美女圖，造成 Google 與 Facebook 大掃蕩。現在雖然還是有人用，不過情況就好多了。所以，Facebook 本來的性質就不是商城，更不適合詳細解說商品，反而在此運用情境圖說話，吸引人點入商品頁或活動頁，再好好的解說，才是最好的方式。

2. 商品圖

目的：在介紹商品特色，是讓消費者決定購買的重要因素。

由於商品圖必須足夠讓人心動決定購買，所以重點在於將商品的美感、專屬的特色及質感呈現出來，也因此建議大家，商品一定要進攝影棚拍，才能呈現應有的效果。若是沒預算，也不需擔心。現在到網路上搜尋，一組簡便的攝影棚約 3,000 元有找，也就夠用了。

3. 解說圖

目的：在解釋商品的使用方法、注意事項等，是讓消費者決定在這裡購買，而不是再去找其他更便宜的相同商品的重要因素。

所以解說圖越詳細越好，若有國內尺寸、亞洲尺寸、歐美尺寸全都放。如：手環、戒指要給內徑的圓周幾公分跟戒圍尺寸，而不是給直徑。鞋子除了長跟寬，還要給厚度，這是方便消費者看不到實體商品時得以丈量，也能減少因不合而退貨的狀況。最好還有真人實際使用狀況、心得介紹、認證標章等，讓消費者安心的直接按購物車，就成功了。

成功的比較圖

特濃那個超好喝，另一個不好喝
飲酒有礙健康，未成年、孕婦、老人、
心臟病患不宜喝酒

圖一

不同的時間目的，照片的風格就要不同

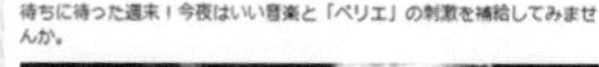

朝の寒さが少しずつ和らいできましたね。目覚めの「ペリエ」で、一日を爽やかに始めませんか？

圖二

最受歡迎的是情境圖

圖三

客服時間：（國定假日除外）週一至週五
13:00~22:00，會有專人為您服務喔！

3-10 如何創造吸睛的梗圖（三）

七、運用商品圖結合時事的經典

一直不斷提到運用時事梗的案例，是因為只要你會用，這是可以讓你爆紅的契機。颱風天的文案，你只記得全聯嗎？該看看別的精彩作品了。

只要能將你的商品說出個所以然，無論是運用外型，還是商品特色，或是結合需求，只要能搭配上主題，都會是吸睛的精彩作品。（圖一）

八、利用產生器作圖

懂得利用工具，會讓你快速又便捷的得到效果。這是一個產生器的網站（圖二），目前已經有 47 種各式各樣的產生器了。利用產生器做圖轉貼，也是很方便的方式。上次在柯 P 宣傳世大運時，在新的 UV 跑道上跌倒，結果，隔天在 Facebook 動態上出現了各式各樣的柯 P 跌倒圖，其實就是從這裡產生的。

由於圖片可以說是現成的，你需要具備好的技能是：有創意的文案。在這個產生器的製作網站中執行其實也不難，因為梗都幫你想好了，你只需要順著去思考屬於自己的文案，一篇大作很快就能產出了。

Facebook 官方說明：若無法上傳相片

- 確認您已安裝最新版本的 Adobe Flash。這個方法通常可以解決任何新增相片至 Facebook 的問題。若要取得最新版本的 Adobe Flash：
  1. 在電腦上移除舊版的 Adobe Flash。
  2. 下載最新版本的 Adobe Flash。

  開始安裝程序之前，請先關閉所有網頁瀏覽器。
- 如果您有使用廣告攔截軟體，請關閉相關軟體，或是確保將 Facebook 排除在攔截清單外。
- 請試著重新上傳原始相片，而不是經過編輯的相片。在上傳前，先編輯相片（例如：透過 iPhoto 或 Photoshop），可能會導致上傳失敗。
- 檢查相片的格式。請試著只上傳 JPEG、BMP、PNG、GIF 或 TIFF 檔。如果您要上傳 PNG 檔案，檔案大小最好保持在 1 MB 以下。大於 1 MB 的 PNG 檔案，可能會像素化。
- 檢查相片的大小。建議您上傳相片的大小，不要超過 15 MB。
- 確保您使用的是最新版本的瀏覽器。
- 檢查您的支援收件匣。如果您曾經因發佈濫用內容而收到警告，很有可能會被暫時封鎖，以致無法上傳相片。
- 如果您仍然無法上傳相片，請回報問題。

運用商品圖結合時事的經典

圖一

（故宮精品粉絲團貼文）

利用產生器作圖

佛系找工作

利用產生器作圖
https://shawtim.github.io/buddha-style/

圖二

不靠關係 不面試
不聯絡 不回覆

緣份到了 自然會有工作

小編OS

- 社群媒體提供視覺化貼文——將會帶給你 180% 的互動率！
- 在 Twitter 中，附上圖片訊息——將會得到 150% 的回推率！
- 在觀看產品影片後——有 85% 的使用者可能完成購買交易！
- Facebook 的貼文內—— 93% 是因為擁有圖像而提升互動率！
- 擁有圖像輔助的文章——較純文字的文章多出 94% 的閱覽率！
- 使用者在點擊圖像後——會有 200% 的使用者可能完成購買！
- 將影音素材整合至部落格中——能吸引 300% 的使用者點擊至外部網站連結！

3-11 失敗案例

一、DM 圖

只能說，是誰這麼偷懶？以我們前面所述的「一次一個重點」，這一張圖片可以製造出多少張貼文了！（圖一）若你真有那麼多的重點要說，請千萬記得拆成數篇貼文，寧願一天內多發幾篇，也不要全部擠成一篇。另外，每一篇貼文至少間隔 2 小時，若貼文之間相隔太接近，Facebook 會當作同一篇貼文，而給予更加稀少的觸及，那就得不償失了。

最近還有一個好方法，就是使用貼文方式中的「備註」。在這裡，可以當作是部落格的網誌撰寫，還能放很多圖，也是個不錯的方式。

二、過度曝光

一般在拍商品時，是不會加閃光燈的，在過度曝光的狀況下，反而暴露出粗糙的質感。另外，使用背景與商品明暗度落差太大的狀況下，通常商品的層次會無法呈現，反而缺少了細緻度。（圖二）若自認不是專業的攝影師，請避免這種狀況，寧願使用中度或輕度落差的明度做背景，可以避免失敗。至於彩度，請配合主題使用。

三、濫用特效

這又是個悲戚的故事。當我看到這個和我完全不相關的影片時，其實我是深深的被感動了。一群非專業的舞者，個個身材都是媽媽級的，卻能非常整齊的、專心又認真的比著舞蹈動作，多麼難得。為了拍攝這支影片，可以想見不知練習了多久。而當我正感動時，突然，特效出現了！並且完全遮住所有人的臉以及動作。（圖三）我還很不甘心看到完，居然，特效完全沒饒過，任何一分一秒遮到完。當你製作出一個有特色的圖片或影片，事實上，就讓它用最真實的一面來感動觀看者。最不需要的，就是使用這些多餘的特效。

特效，留給單調或遮醜用就好了。

四、圖文不符

請使用與你的產品符合的情境。

自從 OREO 成功創造食物的新風貌後，成為眾多產品摹仿的對象。但是食物的新風貌和恐怖連結在一起，是要如何才會產生食慾呢？（圖四）

好的創意，也要顧及到產品的適用性！

失敗案例

圖一

新增了 2 張相片 — 慶祝新的
說這專頁讚
歲末感恩祭送妮好禮
活動㈠
即日起至1/27 止，凡至門市消費滿3800，
即可獲得摸獎券一張，7600兩張…以此類推（不可併單）
全部獎項一共88個等著您唷！…… 更多

特獎
COACH
感謝各新聞報
Dec. 15, 2016
妮妮
蘋果日報

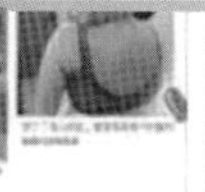

贊助
Bunny nest Silver gem Handicraft Shop
圖二
珠寶/手錶
42 人說讚。
說這專頁讚

圖三

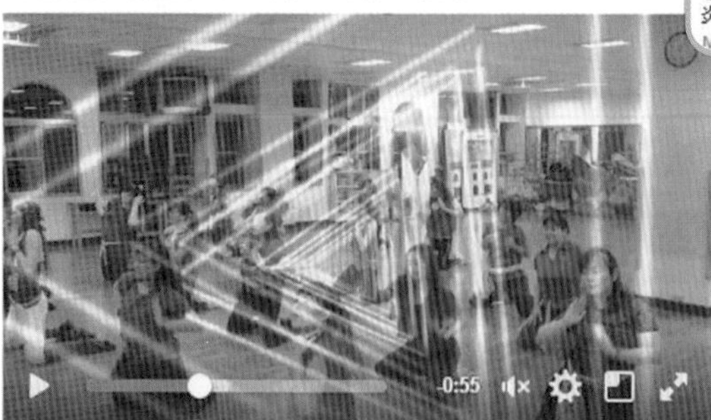
說這專頁讚
贊助
婭緹西昌平教室 Jazz班 新一季爵士舞碼 《Talking Body》
希望留住你的視線...
我們在尋找...喜歡節奏 喜歡舞蹈的妳.
Find yourself, talk to me with your body language......
-0:55
25
5則留言 1則分享 1,040次觀看

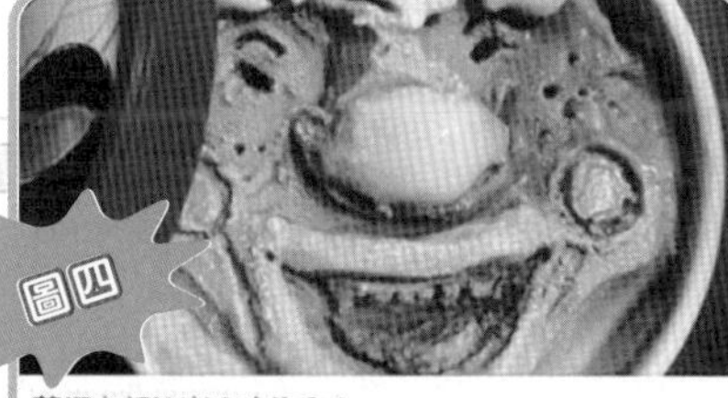
圖四
藝術家都這麼吃冰的？！
炎炎夏日，冰涼入口的冰品無人不愛吧！但這More
MYDESY.COM

Date ______/______/______

第四章
熱門影片好簡單

4-1　影片製作的流程（一）

4-2　影片製作的流程（二）

4-3　社群影片的要件及貼文影片操作

4-4　社群影片案例

4-5　運用YouTube拉長效益（一）

4-6　運用YouTube拉長效益（二）

4-7　運用YouTube拉長效益（三）

4-1 影片製作的流程（一）

現在製作影片的門檻變低了，一般人都可以直接拿起手機拍攝影片，不過拍得吸不吸引人，就是另一回事了。

自從 Facebook 發明了用多張相片組成的影片後，我們將社群上的影片製作分成二種：1. 輕影片、2. 動態影片。輕影片製作容易，只要找免費圖庫的圖拼出影片，加上配音旁白，即算完成，像是狂新聞就是這樣製作出來的。動態影片其實現在也相對容易了，只要一支手機，甚至運用 APP 後製，沒什麼做不到的。所以，我們就針對這二種影片，運用手機製作來介紹。

一、故事架構

一個影片的形成從一開始有了主題之後，最好開始寫成一個故事。有了故事架構，整支影片才能夠吸引人，並且能讓人從頭看到尾。

針對社群所需故事的架構不用太繁複，簡單就好。原則上可以分為：

1. **布局**：為主題高潮破題，讓有興趣的人願意繼續看完。再不然，必須確定主題夠吸引人，先吊人胃口，最後來個精彩大結局。
2. **主題**：整支影片的重點、高潮，也是占最多時間，影片最精華的地方。
3. **收尾**：結語、結論，可以的話記得放上公司 logo。

整支影片編輯故事內容時，最需要注意的是：

1. **要能引起共鳴**：為了要讓消費者有感進而被你洗腦，最重要的就是要能夠有共鳴。
2. **故事情節要緊湊**：在社群裡的閱讀習慣是快速的，你只能用最簡短的時間表達完想訴説的內容，拖戲在這裡是沒有用的。
3. **要讓人看得懂**：最害怕的就是你忙了半天，結果根本就是在自言自語。請記得：站在對方的立場和角度去思考你的故事架構。

二、腳本撰寫

有了故事之後，就可以開始製作了嗎？哪有那麼好。通常我們都必須開會取得團隊共識，所以，你必須將腳本撰寫成「分鏡表」。分鏡表並沒有固定的形式，只需要將用得到的格式留下來使用就好了。比如更正式的表格會有時間、配樂、旁白，強調畫面必須呈現的是什麼，如主角正面、logo 之類的文字敘述。

若腳本有加旁白，請注意：要讓時間遷就旁白，而不是讓旁白遷就時間。這樣才不會時間不夠，講不清楚；或是時間太長，後面空白。如果你不用和其他人取得共識，還是請你完成腳本撰寫的步驟，拿去給其他人看看，避免閉門造車。

影片製作的流程

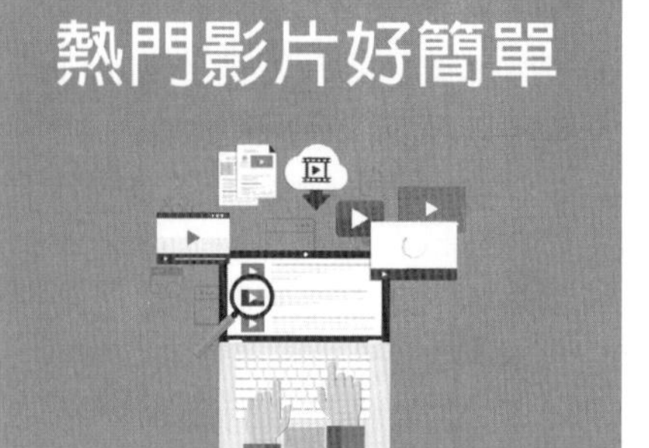

1. 故事架構

1 布局

2 主題

3 收尾

共鳴／緊湊／看得懂

2. 腳本撰寫

分鏡表（Film Story Board）

影片名稱：
影片主旨：
影片長度：
影片腳本：

序	動作文字說明 Action	分鏡畫面	畫面文字說明 Video
1			
2			

4-2 影片製作的流程（二）

三、拍攝影片

我們以手機拍攝來做介紹。無論手機是中階、高階還是低階，因為影片的使用是放在網路上的，所以畫素的細緻度並不會有絕對的關係。我們以普遍的手機使用需要注意事項來解說。

1. **直式或橫式：**這和你打算放在哪個社群有關，還有，你的觀眾是習慣用手機觀看居多，還是電腦居多，這個問題跟你如何拍攝是甚為相關的。大多數的人會認為使用者的螢幕會自動配合影片比例縮放，事實上並不會！
2. **穩定度：**尤其在你移動的時候，機器的穩定度是很重要的。一直處於晃動的狀態，容易讓人頭暈眼花，看不下去就轉走了。所以，若會有晃動的問題，可以用其他工具輔助，如腳架。
3. **手持姿勢：**除了影響穩定度外，最常發生的問題是，在你不知不覺的時候，手指遮到鏡頭了。所以，好習慣要養成，握住手機邊緣就好。

四、音效旁白

通常若需要錄旁白，最正式的做法是進錄音室錄音，或是請專業的錄音人獻聲，價格其實還好。非正式的做法會有幾種錄製的方式，這裡列舉三種：

1. **筆電錄音：**這需要你的筆電音質夠好，然後需要在完全安靜的環境下錄音。但並不是這樣就不會有雜音，你可以再加上背景音樂來遮住雜音，當然，這算是很陽春的做法。
2. **指向性麥克風：**這算是非正式的做法中，品質最好的。指向性麥克風根據極性形式來分類，對前面傳來的聲音比後面傳來的聲音反應敏感得多。因此，對於錄製的主聲音收錄，會比周遭的雜音來得強許多。
3. **Google 旁白小姐：**這算是目前非常流行的方式，卡提諾狂新聞就是用 Google 旁白小姐錄的。而它最大缺點是聲音無法選擇，只有女性的聲音，也無法製作對話。使用的方式就是，將旁白內容複製到 Google 翻譯，然後按喇叭就會播放，要注意的是，因為這系統是翻譯用的，所以第二次會唸得特慢，全部用第二次的效果會很不好。怎麼錄呢？你知道嗎？其實 Windows 本身是有內建錄音裝置的，你可以到電腦中搜尋「語音錄音機」，點出後錄音。若你的裝置是 Win10，語音錄音機還可以做剪輯，將前後的雜音剪掉。

五、後製剪輯

這裡介紹的是手機 APP 小影，可以製作輕影片及動態影片二種，也可以套用情境特效，加字幕、做剪接，十分方便。對於電腦軟體有障礙的人，使用手機 APP 是最容易上手使用。當然，能後製影片的 APP 或線上平台很多，使用自己最上手的即可。請記住，無論你要做的是什麼，影片受不受歡迎的重點不在工具，而在內容。

影片製作的流程（續）

3. 拍攝影片

直式或橫式

穩定度

手持姿勢

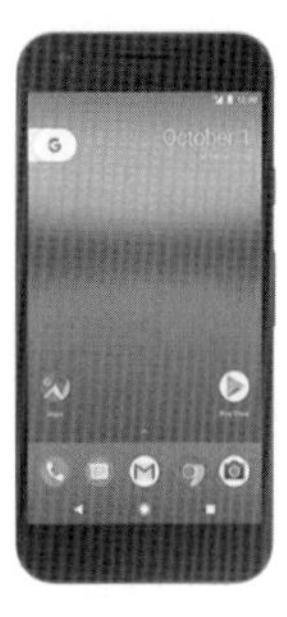

4. 音效旁白

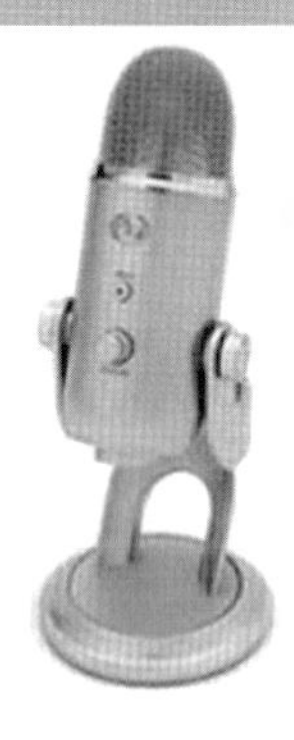

Google 旁白小姐
指向性麥克風

5. 後製剪輯

https://goo.gl/Q4p6L

https://goo.gl/V6buiJ

4-3 社群影片的要件及貼文影片操作

一、社群影片的要件

有鑑於在 Facebook 上的觀看習慣是很快速的，一則貼文的停留時間才 1 秒多，所以必須一開頭就足以吸引人停留。因此在上傳影片貼文後，必須挑選顯示的圖片。若 FB 揀選的圖片不適合，最好能另外上傳圖片取代。

影片本身配合 Facebook 使用者的特性，有下列幾項建議：

1. **長度 1~5 分鐘：**在 Facebook 上，平均觀看影片最多的時間是 15 秒，因此不需要做太長，精簡、緊湊反而更受歡迎。
2. **近景：**其實和圖片的原理一樣，再加上影片的內容會動。以拍攝遠景為例，除了主角之外，其他的東西若也是跑來跑去，必定會轉移觀看者的注意力，所以運用近景是最好的辦法。若是在戶外或無法避免其他東西入鏡時，那麼最好能運用景深，將其他物品虛化為佳。
3. **教學導向：**目前最受歡迎的影片內容多是以教學為主，如：DIY、烹飪這類教學影片。所以若能將商品導向教學功能，除了有觀看性，也增加附加價值。

二、貼文影片操作

1. **前 5 秒決勝負：**Facebook 的讀者閱讀習慣，一向就是一邊滑，一邊看。所以若第一眼無法吸引讀者停下來，再好、再精彩的內容依然沒人會看到，只是白費而已。
2. **觀看秒數重於觀看次數：**也就是說，看得越久代表越有興趣、有認同，比起許多人點來看了沒興趣馬上關掉，來得有價值。
3. **其他平台曝光：**Facebook 本身其實是個封閉平台，如 Google 等是不能進來做搜尋的。所以若做了影片，只放在 Facebook 就太可惜了，至少也該放上 YouTube 曝光才更有價值。

小編OS

Facebook 最新發佈的影片廣告報告

在 25 個國家，橫跨了 9 個垂直市場，用超過 300 間品牌，總共 759 支影片廣告，進行測試收集。

對於品牌認知強化和有效引導行動的幾個主要發現如下：

- 短影片在前幾秒就露出品牌，效果最好。
- 同樣要露出品牌，鮮明呈現比浮水印效果好。
- 3 秒內露出品牌效果最好。

社群影片的要件

1. 長度 1~5 分鐘
2. 近景
3. 教學導向

貼文影片操作

1. 前 5 秒決勝負
2. 觀看秒數重於觀看次數
3. 其他平台曝光（FB 洞察報告排序）

影片	已發佈	觀看的分鐘數 ^	影片觀看次數
1:07	5:36	1.2K	501
4:18	7:00	4	2
0:23	21:36	2	10
2:57	7:01	2	1

(FB洞察報告排序)

Facebook官方說明：打造更出色的行動版影片

一、掌握 6 個小祕訣，讓影片在行動裝置上脫穎而出

1. 近期一份研究指出，製作時數不超過15秒的短片能大幅提升影片完整播放的次數。如果您想讓更多觀眾完整觀看影片，那麼影片長度最好不要超過15秒。
2. 將影片最吸睛的部分作為開頭，讓影片一播放就抓住觀眾目光。
3. 善用適合行動裝置的格式（例如：直向或正方形格式的影片），創造引人注目的效果。
4. 在開頭置入產品或品牌訊息，讓影片一播放就能吸引觀眾注意力。
5. 建議您建立Facebook行動版影片；若要使用其他影片，且影片格式並非以行動裝置為主要考量，請務必編輯影片，及早在影片的前15秒內置入產品或品牌訊息。
6. 加上字幕，讓關閉音效的觀眾也能輕易了解影片內容。

二、運用範本功能，輕鬆建立影片

Facebook為了讓云云小編更輕鬆容易製作出有成效的貼文，推出了這一種「範本」的功能。

從「規劃功能」進入，點建立貼文，在寫文字下方就有：新增圖片、新增影片、使用範本。

點入之後會需要和個人帳號串接，確認串接進入後會發現有免費版本和付費版本，基本上使用免費版本就夠用了。

參考範本效果選擇一個點入後，依照下方需要的圖片上傳，若需要上文字只要按左邊的文字符號，就可以在圖上上文字，還可以選擇顏色大小等。

把需要都上傳後Facebook 就會自動生成特效。

從V使用範本進入

右邊有非常多的影片範例可以選擇，這邊也會常有更新的範本。

這裡的圖片大多是正方形。右邊功能除了能選擇文字之外，也可以選擇配音。

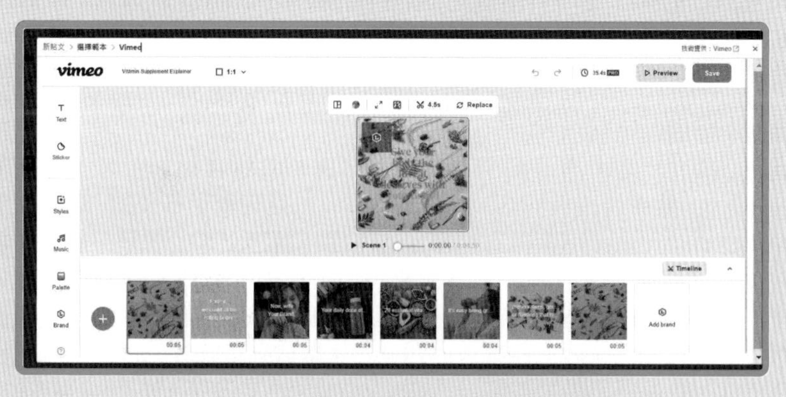

4-4 社群影片案例

【案例一】7-11 啤酒節

https://www.facebook.com/711open/videos/10154406313522190/

這是一個很特別的動態貼文，一看上去好像有二則，其實最後會變成一則而已。最早出現這樣的影片是在Van Cleef & Arpels粉絲團貼文中。沒想到7-11的小編這樣厲害，居然破解了他的做法。

【案例二】Cartier 的 Cinemagraph 的技巧

https://www.facebook.com/cartier.taiwan/videos/805338329605045/

這一年國外很流行這種背景會重複動，但主題是靜止的動態貼文，而且還有一個專門的名詞叫 Cinemagraph。在 2016 年下半年，許多指標性名牌已經開始使用一些很特別的最新 gif 檔圖片製作技巧，它使圖片介於影片、照片之間，也就是在同一張照片中，可以看見部分動態影像，也能看見部分靜態影像。

一般來說有 mp4 的檔案及 gif 檔。因放入網頁中 gif 檔比較容易呈現，製作門檻也比較低，這樣的視覺效果簡單又精緻。其實，這是使用 Photoshop 的動畫影格製作效果。在 Van Cleef & Arpels 的粉絲團中，每年都會創造一種新的影片視覺效果，很厲害、也超吸睛的。而這些年，一些知名精品都開始爭相推出很有創意的小小短片，有些製作原理都超簡單的，很值得學習。

有發現嗎？這些貼文時間都超短，而且能重複播放。有時候一點巧思，不需要用多高難度，也就足以達到吸睛的目的。

【案例三】長篇影集

自從 Facebook 開放影片不受限時間上傳後，頭一次看到有人居然放了 51 分鐘的影片。每一個平台都有其特性，Facebook 這種流動式的動態牆，就是不適合放需要花很多時間、慢慢欣賞的貼文。它是個有時效性的，像新聞報導型的平台。而且，也曾經有統計數據顯示，看 Facebook 的人，大部分都是一邊還在做其他事，如：看電視、通勤、吃飯……，一邊瀏覽 Facebook。所以，長影片怎麼可能耐心、專心的看完？若是想讓人願意花時間觀看影片，倒不如放到 YouTube 上，反而有效益。

【案例四】華麗的不知所云

猜猜，這是一個什麼樣性質的粉絲團？當初看到這則廣告時，被它製作的 3D 動畫吸引，要製作這樣的 3D 動畫不簡單，一定花費了不少的心思。問題是，這部影片要訴說什麼？這麼做有什麼目的？因為看不出來，於是，進這個粉絲團搜尋它的相關資訊，結果還是看不出來……。後來，依然不死心一直查，結果它是賣 3C 產品的粉絲專頁。這個貼文影片和粉絲團的主題真的相差太遙遠了，若你想要藉由這個平台做一些勸世的功德，建議另外再建立一個專用的粉絲團，而不要混在一起。

案例一

案例二

案例三

案例四

舉頭三尺會有神明！
良心底層會有天枰！
夜路走多會遇到鬼！
壞事做多會生暗鬼！

4-5 運用YouTube拉長效益（一）

在 2016 年下半年，影片行銷已經走向主流；2017 年起，有 70% 的客戶流量來自影片行銷。平常製作好的影片，在 Facebook 發表後，因為貼文會洗版的關係，就算你偶爾重複使用，或是用來下廣告，在 Facebook 的特性就是很快的被埋沒在茫茫網海中了。

所以，不想讓辛苦製作的影片這麼快就沒有效益，最好的方法就是放到 YouTube 平台再做長尾行銷。YouTube 是目前最大的影片平台，好處就是流量高，而且不會像 Facebook 隨著時間洗掉訊息。所以就算沒時間經營，只要將影片放上去，把該設定的設定好，其實就多多少少都會有流量進來。

無論是手機、相機、錄影機，若直接存放在電腦裡，其實還滿占空間的，那麼可以利用 YouTube 建立自己的頻道。YouTube 頻道除了能存影片（也可設定私人觀看）、增加曝光，還能建立品牌頻道，除了能線上直播、報表分析外，還有其他很好用的功能。

每一個帳戶可以擁有一個 YouTube 頻道，和數個 YouTube 品牌頻道。個人頻道和品牌頻道有什麼不同呢？其實 YouTube 一直在更新，品牌頻道可以多人共同上傳管理，像粉絲團那樣。還有其他的好處：

一、沒有空間的限制

當然啦！個人也是沒有空間限制的，但是自從上傳超過 15 分鐘影片需要另外申請後，空間的限制也就需要注意了。

二、影片曝光的絕佳場所

YouTube 已經是現今最大的影音平台，自然有利於曝光。

三、增加品牌的網路排名

Google 是現今最大的搜尋平台，使用它旗下的平台，自然有利於搜尋，而且還是一個超級友善的外部連結，對 SEO 更是加分。

四、運作行銷的長尾效應

做影片行銷，YouTube 的影片比起 Facebook 影片是長青的。FB 的流量可能在 3 天內暴衝，之後就被大量的貼文掩蓋了。

在 YouTube 上的影片，則只有 20% 的流量會在發佈當天大量湧入，相較之下，持續性反而長久。

運用YouTube拉長效益

建立頻道

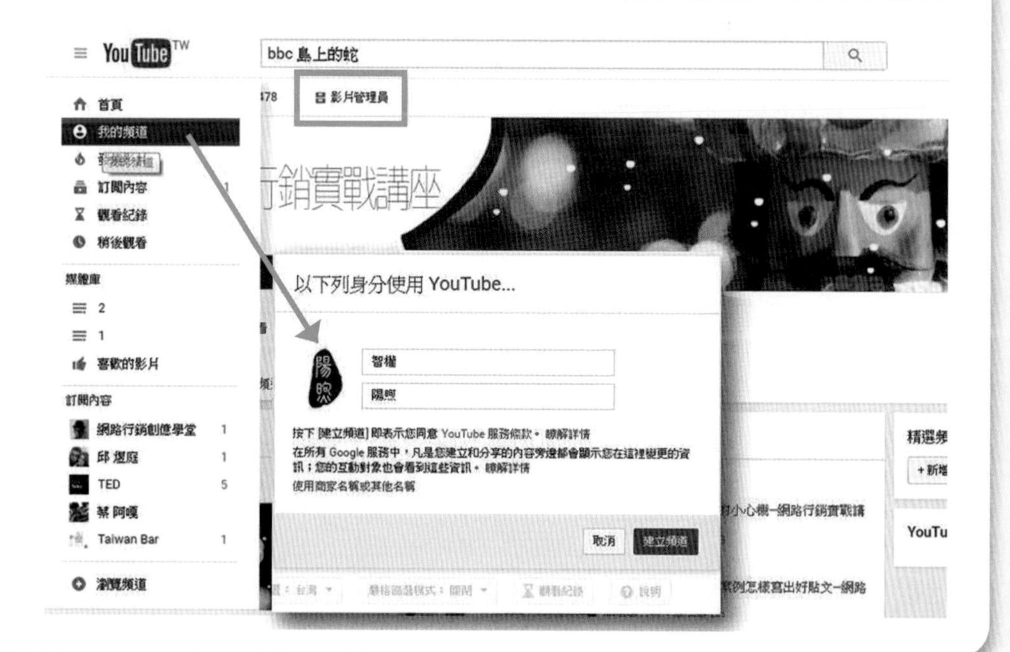

4-6 運用YouTube拉長效益（二）

一、第一步超簡單：建立我的頻道

使用一個 Gmail 開啟 YouTube 後，左邊首頁下第一個按下去。第一次設定會請你填寫名稱，然後你就擁有自己的頻道了。

有了我的頻道就能觀看影片、對影片表示喜歡和訂閱頻道。不過，必須自行建立 YouTube 頻道，才能在 YouTube 上擁有公開身分。此外，即使擁有 Google 帳戶，還是必須先建立一個 YouTube 頻道，才能上傳影片、留言或建立播放清單。使用電腦版或行動版，都可以建立新頻道。

建立頻道後，該頻道只能透過 Google 帳戶管理。

二、建立品牌頻道

這時候若你沒有品牌帳戶，Google 將會請你先建立一個品牌帳戶，就類似我的商家那樣的管理帳戶。

申請完成後進入 YouTube，將會有不只一個帳號可以更換（在右上角）。

若你已經使用自己的頻道經營一段時間了，創建 YouTube 品牌頻道一樣可以將資料搬移過去，讓經營頻道與個人使用分開。

你的品牌頻道首頁，大頭照和封面照片都是可以換的，還能編輯提供觀看的影片。右上角無時無刻都會出現上傳二字，超方便。

三、將頻道轉移至品牌帳戶

請進入：https://www.YouTube.com/account_advanced

頻道轉移後，「我的頻道」內的所有資料，包括：影片、訂閱內容、播放清單、訂閱者、報表分析，這些都會轉移過去。而平時的觀看紀錄、稍後觀看，則會留在原本的個人頻道中。

也可以利用品牌帳戶來建立一個名稱不同的頻道，但該頻道同樣須透過 Google 帳戶管理。

四、選擇要建立新頻道，或使用某個現有的品牌帳戶

如要用管理的品牌帳戶建立 YouTube 頻道，請從清單中選擇品牌帳戶。如果這個品牌帳戶已經擁有一個頻道，則無法建立新頻道。在這種情況下，如果從清單中選擇該品牌帳戶，系統就會自動切換至該頻道。

填寫詳細資料，為新頻道命名並驗證你的帳戶，然後點選 [完成]，系統就會建立新的品牌帳戶。

品牌帳戶

將頻道轉移至品牌帳戶

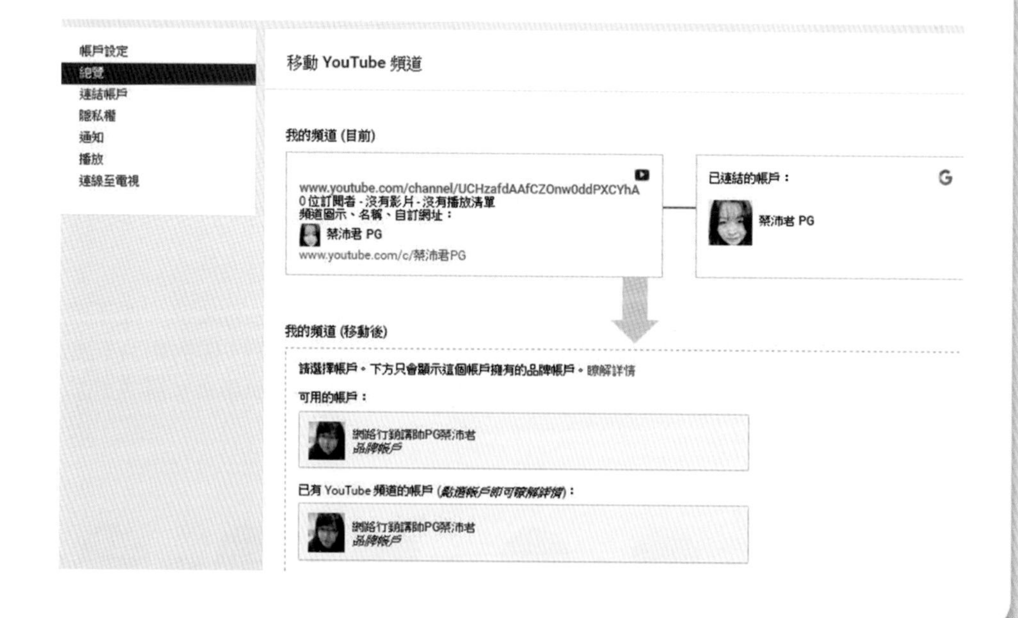

4-7 運用YouTube拉長效益（三）

五、如何讓 YouTube 頻道為你做好長尾行銷

從我的頻道頁面，點入正上方的影片管理員。

這裡的左側就可以看到 YouTube 我的頻道有哪些功能了。

影片管理員掌管 2 種影片，一種是你上傳的，可以編輯設定、增加曝光，做商業用途或私人收藏、朋友互看。一種是你愛看的 YouTube 影片，像收藏的功能，可以重複拿出來欣賞。

影片上傳後，有幾件事必須做足，才能讓 YouTube 頻道有長尾行銷的效益。在影片上傳後，可以在影片管理員的頁面看到新影片，開啟編輯，將資訊與設定這一頁的內容編輯完整。

1. 自訂縮圖

和 Facebook 的影片貼文道理一樣，尚未觀看影片之前，消費者一定是從畫面上的這一張圖片來判定值不值得點入觀看，所以選一張好圖是很重要的，最好要能退後三步也知道傳遞的訊息。若自動揀選的圖不滿意，寧可自己製作一張上傳。

2. 影片名稱

除了淺顯易懂、引人注目、容易搜尋外，要注意，最好也能包含關鍵字。

3. 影片說明

描述的內容不要過少，要使用關鍵字介紹，最後放入相關的連結，如官網、粉絲團、商城。

4. SEO 關鍵字

其實這是影片的標記，不過我們一般會將相關的關鍵字詞放在這個位置上。

5. 觀看設定

要確認是公開，若這個影片是設定私人或非公開，那麼就和宣傳曝光以及 SEO 搜尋排名沒什麼相關性了。

另外，在進階設定中的類別，需要注意的是：

請思考這支影片希望讓哪一類的觀看者觀看，而去決定它的類別。並不是你覺得影片本身是屬於哪一類，就決定該類別。其落差就在於，你的影片若希望有轉換，那麼就應該給你的潛在消費者看到，而不是放在 YouTube 讓人純欣賞。

做好編輯設定
創作者工作室
資訊主頁
影片管理員
影片
播放清單
即時串流
社群
頻道
數據分析
翻譯與字幕紀錄
影片 49
動作
新增至
2017Chr as HD
2016年12月09日 13:02
編輯
資訊和設定
強化
音軌
結束畫面與註解
資訊卡
字幕
下載 MP4
宣傳
刪除

資訊和設定
強化
音訊
結束畫面與註解
資訊卡
字幕
2017Christmas
取消
儲存變更
影片資訊
頻道：蔡沛君 PG
上傳時間：2016年12月09日 13:02
時間長度：0:37
原始檔案：unknown
觀看次數：81
喜歡人數：0
不喜歡人數：0
留言：0
影片網址：https://youtu.be/bd3VeljBN
自訂縮圖
檔案大小上限為 2 MB。
基本資訊
翻譯
進階設定
號召性重疊廣告
2017Christmas
2017Christmas&happynewyear
http://boutique.tw/
2017Christmas
pg蔡沛君
happynewyear
公開
替影片加上訊息
+新增至播放清單

第五章
創意亮點最吃香

5-1　移動時代讓創意變得更重要

5-2　網路流行語運用

5-3　創意案例分享（一）

5-4　創意案例分享（二）

5-1 移動時代讓創意變得更重要

因應手機移動時代來臨，Facebook 粉絲團的貼文又有新的趨勢了！

因為使用行為正在改變，促使消費者的習慣漸漸變得不同。手機行動行銷的行為，正在將內容演變為視覺優先，這種消費行為已不再是靜止的觀看，不同的心態也意味著不同的看法。這對於小編意味著：

移動消費不是電視消費，而且發生的速度很快。人們在查看貼文後，僅僅只有 0.25 秒，就必須吸收移動新聞內容；換句話說，你只有 0.25 秒的機會可以吸引觀看者停留。

因此我不得不說：行動行銷讓創意變得更重要了。

我們必須重新構思內容，建立更清晰、更直覺的梗。移動也讓創意的形式變得更多功能性。我們得將之前的標準和先入為主的觀念拋出窗外，透過使用新的格式和創意類型，測試新的方法，並且將手機的行動行銷放在我們的策略中心，找到更新、更好的方式來使受眾停下來觀看、感受、分享和購買。

手機的行動裝置改變市場行為後，須重視：

1. 以數據做基準來創造靈感：先研究洞察報告，了解受眾的喜好背景，以此為根據去設計，而不是天馬行空。

2. 將重點置前以阻止消費者流失：「只有 0.25 秒的機會能吸引觀看者停留」，所以重點需要比現在所布局的，還要更往前移了。

3. 以視覺效果為主：這意味著文字就此淪為配角了。所謂的視覺效果還有另一層意思，也就是配合手機的直式與色彩的加強。

4. 綜合多功能性的廣告出線：以前一則廣告可以行遍天下，現在不行了，必須設計多個廣告一步一步收口，吸引真正的受眾。

小編OS

什麼是「綜合多功能性」？

其實沒說很多人還不會使用呢！例如：我們拍一支短影片，但是運用不同的角度和話題剪出好幾支不同的影片，在下廣告時，依序播放，創造不同話題，但都是圍繞著相同的產品，這樣的做法反而讓人願意一再的看到廣告。

移動裝置改變市場行為後，須重視：

1. 以數據做基準來創造靈感
2. 將重點置前以阻止消費者流失
3. 以視覺效果為主
4. 多元性混合搭配內容
5. 綜合多功能性的廣告出線

5-2 網路流行語運用

許多網路原創內容在各領域表現突出、受到肯定，這也帶動相關熱搜行為。想要寫出這樣的內容，需要能掌握網路熱門議題，順著風向說，這時候，熟悉網路語言就很重要。比如 2017 年非常流行的：Seafood、嚇到吃手手、黑人問號等，這些網路用語就帶動流行趨勢。

在網路世界中因為看不到臉，「語氣」相對變得很重要，透過流行的網路語言，也能更拉近和粉絲的距離。而這代表的是，你必須大量閱讀網路上的內容，增加網路時事的知識才辦得到。其實很多的時事用語，都是一路演化產生的。

比如：「傻眼貓咪」一詞源自於警方逮捕毒蟲的畫面，因為在毒品的外包裝上，印著「傻眼」兩字，上頭還有可愛貓咪的圖樣，跟現場嚴肅氣氛相比，顯得十分違和。之後被網友引用，主要當作強化語氣的語助詞。像是這種演化，說實在的，我也是一整個「傻眼貓咪」了。

「黑人問號」梗圖的主角是目前效力於 NBA 勇士隊的球星尼克．楊（Nick Young）。出自體壇明星紀錄片系列《透鏡》拜訪尼克家時，他媽媽就提到了兒子小時候的故事。原來以前住家附近的公園，常有前 NBA 球星去打籃球，結果當時的小尼克就天不怕、地不怕，球星打到一半時，他就亂入搶球，隨後還秀了一套花式上籃，秀完便瀟灑離開。當時常被小尼克騷擾的前 NBA 球星塞德瑞克 · 塞巴洛斯（Cedric Ceballos）就說過：「這死小孩如果好好練球，一定不得了！」但說完這段話後，她又補了一槍說：「但他那時候是死屁孩，從沒想過要練球，整天惡作劇，附近的人都怕他。」這瞬間讓尼克 · 楊露出了傳奇般的表情，就好像是在說：「蛤～我以前有這麼屁嗎？」

小編OS

2021年臺灣熱門搜尋

快速竄升關鍵字	快速竄升人物	快速竄升政治人物
1.NBA	1.戴資穎	1.陳柏惟
2.疫情	2.林昀儒	2.王浩宇
3.疫苗預約	3.吳亦凡	3.范雲
4.1922	4.郭婞淳	4.張亞中
5.水庫	5.金宣虎	5.王必勝

快速竄升議題	快速竄升戲劇	快速竄升電影
1.疫情	1.錦心似玉	1.當男人戀愛時
2.疫苗預約	2.魷魚遊戲	2.永恆族
3.水庫	3.火神的眼淚	3.沙丘
4.五倍券	4.你微笑時很美	4.靈魂急轉彎
5.奧運	5.你是我的榮耀	5.你的婚禮

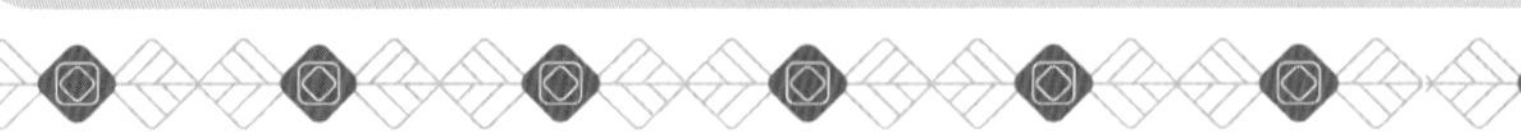

網路流行語運用——傻眼貓咪

（截取自網路）

網路流行語運用——黑人問號

（截取自網路）

5-3 創意案例分享（一）

會覺得你的 Facebook 粉絲團很難討好粉絲，很難做互動嗎？看到其他的粉絲團好玩又吸睛，只能羨慕分享連結。那倒不如好好靜下心來，為自己的 Facebook 粉絲團找到創意亮點。下述幾個案例，大大顛覆粉絲團本身嚴肅的形象，真的有感而發，就是要這樣啊！只要粉絲團能這樣搞，還怕沒粉絲、沒反應嗎？

【案例一】

前一陣子故宮開放文物版權使用，然後就開始陸續看到一些奇葩。以下是他寫的文案，能這樣結合的人，在社群經營上，絕對不怕混不到飯吃！

「日前，一張兩人四驢行走在山林中的照片，被刊登在市場販賣的小報上，引起市民的討論……

照片中行旅的兩位大叔趕著路，四頭驢則背駝重物，垂頭喪氣、步履蹣跚的走著。小編找到照片中的大叔，希望將物流業工作者的辛苦呈現給各位讀者。」

【案例二】

臺灣的客語認證可是很流行的，一切都歸功於這麼創新的點子。

一直滿崇拜這個粉絲團呢！幾乎每一篇都能運用上時事，將客語教學發揚光大，他有多厲害呢？現在的 ICRT 每週都會請他去做客語教學。教英文的頻道願意讓你教客語，超級厲害 der ！

「你今天相忍為國了嗎？」這句實用的客語，你不能不會：「香菜不能挑掉！你應該相忍為國！」「跟老闆談什麼加班費？都不懂得相忍為國嗎？」「你看隔壁劉媽媽的孩子都能相忍為國，你學著點。」怎麼用，都好用。

話說，英文教學的行銷怎麼也不會學一下！

記得有一款從法國紅回來的面膜嗎？他以「什麼時候需要敷面膜」為主題，創造了許多好玩的梗，更創造了他的業績。還有中央天氣預報的粉絲團要成立時，請一家行銷公司拍了一系列影片，不但創造了話題，粉絲數也是馬上暴增，就算之後的貼文又開始講起官話了，觸及率依然不減。

這些都是運用創意得到爆炸性的成效。

案例一——故宮精品

故宮精品
National Palace Museum Shop

行走江湖多年，這是我最喜歡的一段路！
——北宋，知名物流業者
國立故宮博物院
NATIONAL PALACE MUSEUM

案例二——客家小吵Hakka Fighter

【102你今天相忍為國了嗎？】
這句實用的客語，你不能不會：
「香菜不能挑掉！你應該相忍為國！」
「跟老闆談什麼加班費？都不懂得相忍為國嗎？」
「你看隔壁劉媽媽的孩子都能相忍為國，你學著點。」
怎麼用，都好用。

客家小吵
你今天相忍為國了嗎？
For the Horde!

5-4 創意案例分享（二）

【案例三】

全聯小編爆紅代表作！

大家都超愛看全聯的粉絲團，最主要就是愛看他源源不絕的創意，連這種手繪的醜圖都能當上貼文，也夠極致了。

【案例四】

日本廣告厭世作！

能任性到這麼極致，也只有日本人做得到了，偏偏日本觀眾也願意吃這一套，反而讓這項商品做出了品牌個性。

這二個案例很相似，不過你會發現，當什麼都能拿來當梗，創意是無限的。

不過近來重出江湖的全聯小編已經不若以往，其實主要的原因就是大批慕名而來的年輕粉絲，並不是全聯想操作的對象。所以，現在粉絲團的操作並不是追求粉絲數高或觸及率大了，而是要「精準受眾」。

100 個觸及中，有 50 個願意買你的商品，遠比 10,000 個觸及，僅有 10 個願意買你的商品，有效益太多了。

小編OS

Facebook 舉辦的廣告大賞，以傑出作品引發觀眾情緒作為主軸，將獎項分為：Laugh 大笑獎、Cry 落淚獎、Wow 驚奇獎、Love 大心獎、Act 行動獎。

2017 Facebook 廣告大賞的作品有四大特點：

1. 大心獎是最受歡迎的獎項。
2. Messenger 機器人成為趨勢。。
3. 小型企業的參與度顯著提升。
4. 驚奇獎展開了新的局面。

Facebook Awards

從這些得獎作品中，可以看出許多創意與驚豔，建議可以找時間好好觀賞，激發自己的創意。

https://www.facebookawards.com/

案例三

全聯福利中心
10月20日 12:00 ·

【太忙了...已經忙到沒時間做稿了...】
超忙！超忙！超忙！
加班到不行，
已經忙到沒時間畫圖、沒時間想文案、
沒時間做稿了啊啊啊啊啊！
對粉絲金歹勢，只能先用鉛筆稿硬上了...

你跟小編一樣...
也有加班忙到不知所措、
做什麼都一團亂的困擾嗎...

沒關係辛苦了，全聯懂你，先吃飯再說吧！

全聯體諒各位辛苦的加班族，
如果沒空出去吃，至少也別餓著，
全聯關心你，泡麵全面特價中！

#全聯 #泡麵博覽會
#加班族的辛苦小編懂
#不知幾點下班至少要吃晚餐
#這張圖最花時間就是畫全聯logo

案例四

日本廣告出現這種奇怪的畫風....但都畫得比我好.....
無論如何，其實超好笑～😂😂

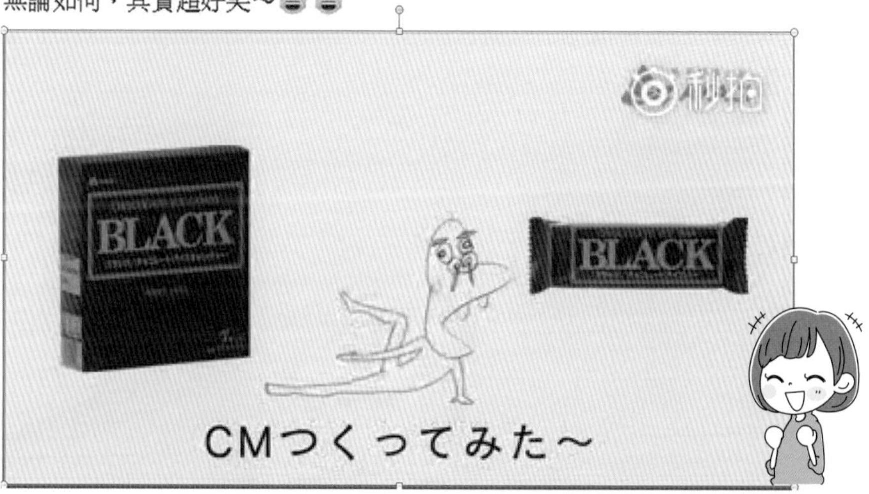

Date ______/______/______

第六章
有效的曝光

6-1 臉書發文最佳的時機

什麼是 FB 粉絲團發文最佳的時機？最多人看臉書動態的時候嗎？在連假的時候，常伴隨著的是放假前，FB 臉書動態上的廣告也跟著多了，這個時候滑臉書的人很多嗎？為何在這時候下廣告？這其實可以歸納出幾個好玩的現象。我們先由一個平常的例子來分析。

一、平時

右頁下圖為粉絲觀看貼文的時段圖，在夏天時最明顯。這一個下午一點的小凸起，可以看出許多人在這時候看 FB 動態內容。不過，我們該選擇前面的時段，還是後面睡前的時段呢？這時要看你的消費者是男性，還是女性的購買者居多而決定。如果是男性，下午一點偷看臉書動態也是隨興滑滑，不會太專心，看到有興趣的先留著，晚上放鬆時反而可以好好地挑選。所以，建議在晚上發文。如果是女性，下午一點正好是團購時間，和朋友討論買不買、還是買什麼好，這時段最容易成交。晚上累了滑手機，只是放鬆心情，不會專心看。所以，建議下午發文。

二、連假前

連假前會有什麼需求？很多人會安排出去玩，所有相關的周邊都是很好的曝光時機，像是露營用品、美睫、美甲。這時不單只有狂發文，還要趕緊下廣告曝光。

三、突發狀況

例如：颱風、停電。與當下時事相關的，都可以即時發文，效果都會很好。

※ 一切始終都源於人性

發現了嗎？這時是站在消費者的行為去思考為主、數據報表為輔，能夠靈活並用，才是成功的關鍵。

Facebook官方說明：在Facebook粉絲專頁發佈貼文的優點

一、在商家的 Facebook 粉絲專頁發佈貼文具有以下優點

1. 讓對您粉絲專頁感興趣的用戶，將您視為心目中第一品牌。
2. 透過業界資訊、產品更新和活動通知等訊息，緊緊抓住顧客的心，並提升顧客參與度。
3. 透過加強推廣貼文，觸及更廣大的廣告受眾。

二、透過 Facebook 貼文，和目標受眾建立良好互動

在企業的粉絲專頁上發佈貼文，是讓顧客和粉絲掌握貴企業最新動態的絕佳方法。您可以善用以下祕訣，讓近況更新發揮最大功效：

1.分享有實質意義的更新

您可以在 Facebook 貼文發佈產業相關內容或貴企業的最新動態，藉此與目標受眾保持互動。利用簡短但饒富趣味的文案以及吸睛的圖像來吸引用戶的注意力。您甚至可以安排貼文的發佈時間，以節省寶貴的時間。

2.讓更多人注意到特別貼文

當您發佈貼文後，可以在粉絲專頁置頂該則貼文或是在網站上內嵌貼文，藉此達到吸引更多注意力之效果。將貼文置頂後，貼文便會持續顯示在粉絲專頁最上方，讓用戶第一眼就能馬上看見。內嵌貼文可讓貼文顯示於您的網站上。

3.透過最新消息或特別折扣來吸引顧客

貼文也能用來提供特別優惠給顧客、邀請他們參加活動，或是透過直播視訊分享活動的進行。

4.隨時隨地建立貼文

您只要將 Facebook 專頁小助手應用程式下載至您的行動裝置，即可隨時隨地為您的商家建立貼文。這是與目標受眾分享最新消息和相片的絕佳方法。

有效的曝光

內容為王：大圖大標大流量

什麼是FB臉書發文最佳時機？

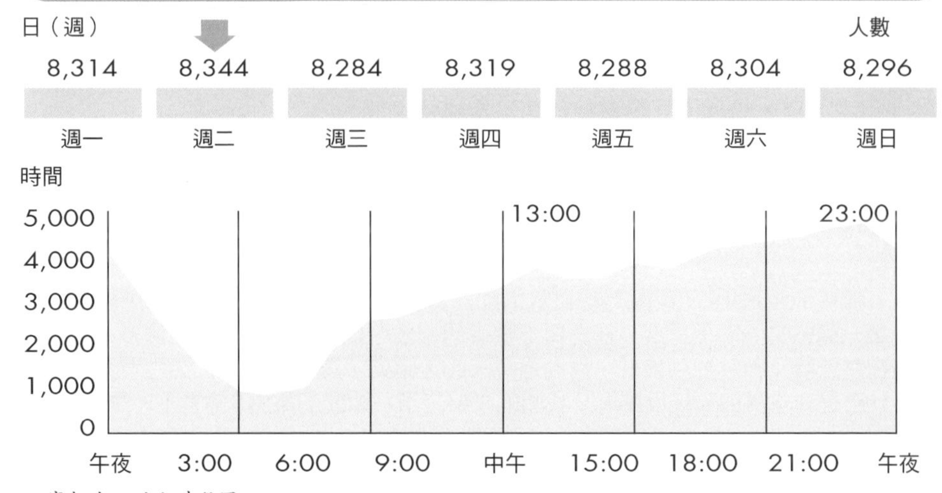

洞察報告：貼文時段圖

6-2 粉絲團多久發一次貼文好？

曾經有人問我，Facebook 粉絲團應該多久發一次文好？我當時的回答是：看臉書洞察報告觸及率、你的粉絲需求。每一個粉絲團的粉絲需求是不一樣的，《蘋果日報》一天可以貼 10 篇新聞都沒關係，只要你發佈的是粉絲想看的、有需求的內容，何需擔心貼太多被退讚呢？我想更精確的說：請看洞察報告，讓你的數據告訴你應該怎麼發文。

這是一個悲戚的故事。

這個粉絲團一開始合作的時候，是需要從頭開設填寫資料並做封面圖。我負責一週發 3 篇文，而業主則隨他高興自由發文。由於業主完全沒經驗，也是第一次接觸粉絲團，所以事件就這樣發生了。

在粉絲團剛成立時，粉絲數還不到 100 人，我一篇貼文可以寫到將近 1,200 的觸及數，這時候客戶覺得看到的人太多了，時候未到，不可以事先洩漏消息，於是要求我必須將粉絲團關閉。因此，在第一個谷底粉絲團關閉了。直到他們召開記者會宣布產品開始運作，然後也大張旗鼓的到處要人加入粉絲團。

事件約莫在粉絲數有 100 多人之後，不知道是業主心情好，還是他太在意粉絲團的狀況，每天最少發 3 篇貼文，然後觸及人數就開始往下掉了。在告知業主注意狀況後，還是依然故我。最誇張的是，有一天還一口氣發了 5 篇文章。

下場是在此之前粉絲數 100 多人，每篇文章約莫都有 200 人以上的觸及數，最多可以到 605 人。而在每天都有一堆發文後，粉絲數有 300 多人，文章的觸及人數約在 100 多人上下，最少的只有 88 人。

我們可以從貼文觸及數的報表與貼文發佈的明細中看出，狂發貼文之後的下場是，接下來粉絲的反應就開始冷掉了。即使之後，在報表的最後 2 天只有 1 天發一篇文，雖然觸及率有回升，但還是不成比例的。

這個事件告訴我們，不要太鐵齒，須隨時觀察洞察報告，隨時做修正。不然一旦犯了錯，粉絲不見得會給你第二次機會挽回。

小編OS

據說 Facebook 會因為粉絲數增加而減少貼文的曝光比例，但那應該會是在每一篇貼文的當下呈現。在右頁下圖這個報表可以看得出來，貼文最多人卻沒有在當天觸及數就掉到最低，反而是隔天起才出現，這才是真實的人性反應。至於什麼是非真實的人性反應呢？我們就來檢討下一單元的案例（請看下一單元）。

粉絲團多久發一次貼文好？

發佈時間	貼文	類型	分享對象	觸及人數	參與互動
2016-8-26 21:00				215	68 17
2016-8-24 21:00				247	46 14
2016-8-24 17:38				162	10 7
2016-8-24 8:34				215	7 8
2016-8-23 7:12				88	12 6
2016-8-20 10:04				160	28 12
2016-8-20 9:59				183	26 11
2016-8-19 21:47				122	20 6
2016-8-19 21:00				224	33 9
2016-8-19 18:24				155	19 8
2016-8-19 17:53				170	24 11
2016-8-19 17:48				224	79 11
2016-8-18 7:29				294	39 9
2016-8-17 21:00				605	187 47

結果

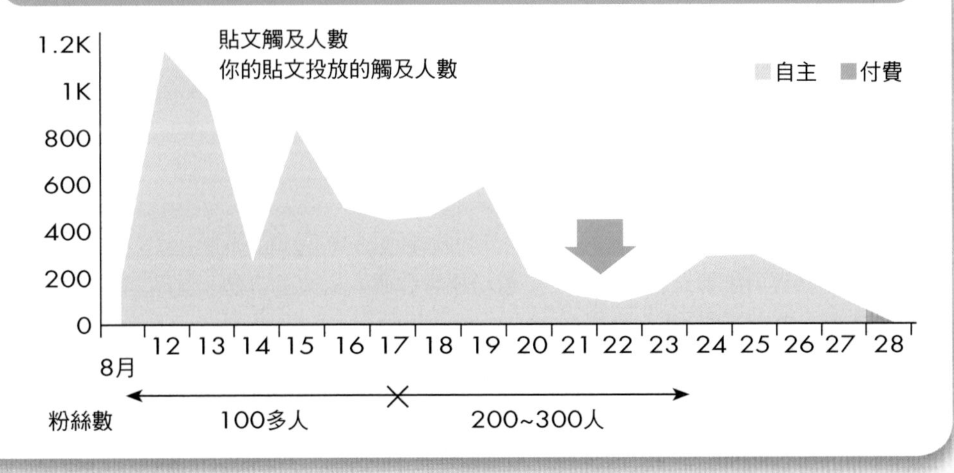

6-3 案例

這是一個非常典型可以比較的案例。

以圖片和文字而言都是雷同的，兩者都符合我們說的：大圖——簡單的情境圖、大標——簡潔的四行字。

我們要觀察的是，這二個粉絲團的粉絲數與按讚分享數的比例。（見右頁圖）

右邊圖：粉絲數有 9,400 多萬人，344 個讚，5 個分享。

左邊圖：粉絲數有 44 萬多人，8,300 個讚，95 個分享。

各位覺得為什麼會有這種落差？

看粉絲專頁按讚數來確認這個粉絲團經營得如何，一直都是全世界共通的常識。但是，什麼事遇到臺灣人都有可能會歪掉。是要說臺灣人聰明，還是太會投機取巧，總是能上有政策，下有對策。

運用各種手段，不自然的增加粉絲數早就不是祕密了。免費的花時間來交換，自己也化身成殭屍粉絲的一員。不然上阿里巴巴還是天貓，不用花大錢也能買一堆來自土耳其之類的帳號。

請問，這些奇怪的傢伙是會買你家的東西，還是來參加你家的活動？

血淋淋的案例，就是我最愛用的……。

這兩者都是世界知名品牌，發文方式都符合所謂的熱門發文法。

右邊圖的粉絲數都快要破億了，才 300 多個讚是發生什麼事？或許這家公司大到不需要用 Facebook 來賣商品，那辦活動呢？就是永遠靠砸大錢買廣告！

那開粉絲團幹嘛？

左邊圖的按讚與分享就正常多了。這次似乎是辦活動，可是也沒看到在電視上買廣告，也沒有業配文，但是活動當天參加的人還是爆滿的。

這樣開粉絲團才有意義嘛！

所以單看粉絲數已經沒有意義了。小心！別過度看中要求增加粉絲數，不然，等到你們家粉絲團變成右圖那樣，不要怪粉絲團沒用、小編無能。目前比較能信任的數字是貼文觸及數，其他的都有辦法灌水！

小編OS

粉絲專頁瀏覽次數與觸及人數有何分別？

粉絲專頁瀏覽次數代表用戶查看粉絲專頁個人檔案的次數，同時包括已登入和未登入的 Facebook 用戶。

觸及人數代表看過粉絲專頁貼文的人數，觸及人數可分為透過廣告（付費）和非透過廣告（自主）看見你貼文的人數。

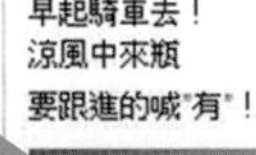

用戶

56,783 談論這個的用戶

443,628 粉絲專頁按讚總數

不論狀況好壞
只要一直跑 都會過去
-陳宇璿-
看更多跑者時刻>> http://goo.gl/8U4LBv⋯⋯ 更多

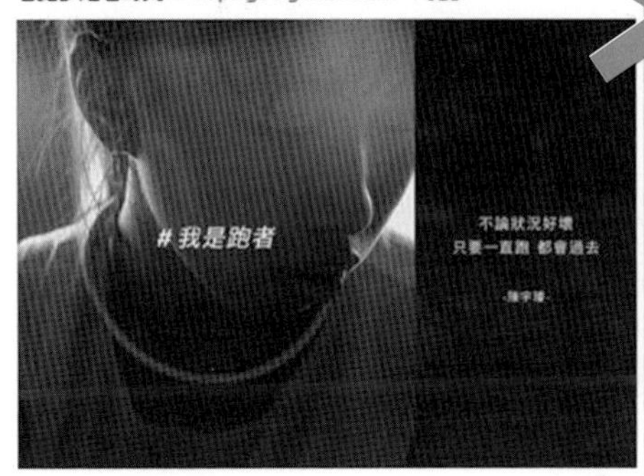

讚　回應　分享　抽獎

8,300 個人都說讚。　人氣留言

95個分享

用戶

798 談論這個的用戶

94,650,678 粉絲專頁按讚總數

早起騎車去！
涼風中來瓶　整個陽光！
要跟進的喊"有"！

讚　回應　分享　抽獎

344 個人都說讚。　人氣留言

5個分享

小編OS

其實每次講課，講到這裡，就一定會有人來問怎麼增加「殭粉」？

身為正派的小編怎麼可以告訴你，搜尋交換讚就有一大堆了。另外，近期開始有一些使用聊天機器人辦活動的貼文被 Facebook 刪除，請小心不要太商業化、不要要求按讚分享，不然好不容易出現的互動利器又要被玩壞陣亡了。

6-4 善用臉書工具——Wi-Fi

粉絲團經營 O2O —— 利用 Wi-Fi 打卡按讚增加曝光

我們可以利用免費設定 Facebook Wi-Fi 讓消費者幫粉絲團按讚（或是打卡）。這個功能最適合有實體門市的商店，當你設定好這種 Wi-Fi 後，有消費者需要使用店家 Wi-Fi 時，就會自動跳出需要幫店家粉絲團按讚後才有開放使用。

需要準備的事項：

1. 一台與 Facebook Wi-Fi 相容的路由器（種類另外放在下方）和手機。
2. 需要有 Facebook 粉絲專頁，並且有管理員權限。
3. 需在粉絲專頁資訊中列出實體地址。
4. 設定最多 20 分鐘。

一般來說，都是申請 Wi-Fi 後請電信公司來安裝路由器，所以我們要確定安裝人員安裝的是哪一種路由器，然後請他安裝時一併設定即可。

有支援 Instagram 與 Facebook 的路由器
EnGenius
Intelbras
TP-Link
D-Link
有支援 Facebook 的路由器
TP-Link
Intelbras（僅限巴西和拉丁美洲地區）
Netgear
Ubiquiti UniFi
Meraki
D-Link
Zyxel
Aruba
Ruckus
ASUS
Open Mesh

善用臉書工具——Wi-Fi

在 20 分鐘內，免費設定，Facebook Wi-Fi

善用臉輸工具—Wi-Fi

https://www.facebook.com/facebook-wifi/getting-started

讓數百萬名正在
Feacebook 搜尋 Wi-Fi
的用戶找到您。

協尋顧客快速連線到
您的 Wi-Fi。
擺脫要分享密碼
的煩擾。

訪客連線到您的 Wi-Fi
時，您 Facebook 粉絲
專頁的按讚次數和打卡
次數會隨之增加。

6-5 善用臉書工具——#HashTag

如何在 Facebook 中運用 # HashTag 增加貼文曝光

許久之前就有聽過 Facebook-HashTag 無用論，主要是 FB 的語意演算法比 Google 還強，所以 #Tag 根本可以不用使用。不過，在這次太魯閣翻車事件，Facebook 貼文狂洗版下，居然發現 Facebook-Tag 有一個蠻不錯的增加曝光功能。

我發現某粉絲團貼文的圖片下方居然出現「瀏覽」按鈕，一般我們在 Facebook 搜尋時，無論有沒有加 #Tag 都可以查的到，而且，更厲害的是連相似詞、相關詞都有，但是大家都知道 Facebook 搜尋並不是主要的搜尋引擎，大家使用率也很低。

也不知道是不是這原因，這次的這個重大新聞事件就出現了這樣的瀏覽按鈕，點進去看時，被收錄的貼文是所有的相關貼文，並不是只有加了 #Tag 才有。

但是，點入的頁面裡，有 #Tag 的全排在最上面，還有，若是點這個「瀏覽」按鈕，這個粉絲團的相關貼文又排在更上面。

換句話說，當你用了 Facebook-Tag，而有人點了圖片下方的「瀏覽」按鈕，進入的頁面看到的順序是：

1. 這個粉絲團有加這個 #Tag 字的貼文 → 2. 有加這個 #Tag 字的其他粉絲團貼文 → 3. 沒有加 #Tag 的其他粉絲團貼文 → 4. 沒有加 #Tag 的其他個人 FB 貼文 。

在有時事議題時， Facebook 演算法本身就已經會對這一類的 FB 貼文加分曝光了，若是現在又增加了這個 #Tag 瀏覽按鈕的功能，那就是在這上面又再加碼了。

值得一試。

而且現在在發佈貼文的後台，寫文案的地方也在鼓勵大家用 HashTag 了。

粉絲團貼文的圖片下方出現「瀏覽」按鈕，點入後就是 #HashTag 的相關貼文。

現在在發佈貼文的後台，寫文案的地方也在鼓勵大家用 HashTag 了。

6-6 善用臉書工具——QRcode

粉絲專頁 QR 碼讓你 O2O 活動更順利

粉絲專頁 QR 碼可以鼓勵用戶幫你的粉絲專頁按讚打卡！也解決 O2O 在現場辦活動時遇到的問題。其實最近 Facebook 針對互動的問題一直都在出一些新花招給粉絲團經營者使用。

以前自己製作 QRcode 會遇到載體不相同、按鈕位置不同等等的問題，若你是使用 Facebook 提供的 QRcode 這些問題都解決囉，而且還幫你設計了 6 種圖形提供下載使用。

一、使用粉絲專頁 QR 碼掃描後手機出現的畫面。

可以選擇按讚、打卡、參加粉絲團活動或打星星評分。

二、他的位置在：發佈工具 → QRcode

畫面出現後可以選擇:你希望用戶掃描你的粉絲專頁 QR 碼後採取哪些動作。

説不踢客讚／在不踢客打卡／查看優惠（要先建立優惠才能使用）／檢視不踢客（評論）

直接下載就可以用囉。

選項會自動儲存，你也不需要再次下載海報。另外，可以到洞察報告的最後一項「QRcode」查看有多少人掃描。

新版的 QR 碼改位置到「關於」內了。

三、下載下來的 PDF 檔有 6 種

除了正常版還有小書籤版還包括桌面立牌，真貼心。

他的位置在：發佈工具 → QRcode

使用粉絲專頁 QR 碼掃描後手機出現的畫面

下載下來的 PDF 檔有 6 種

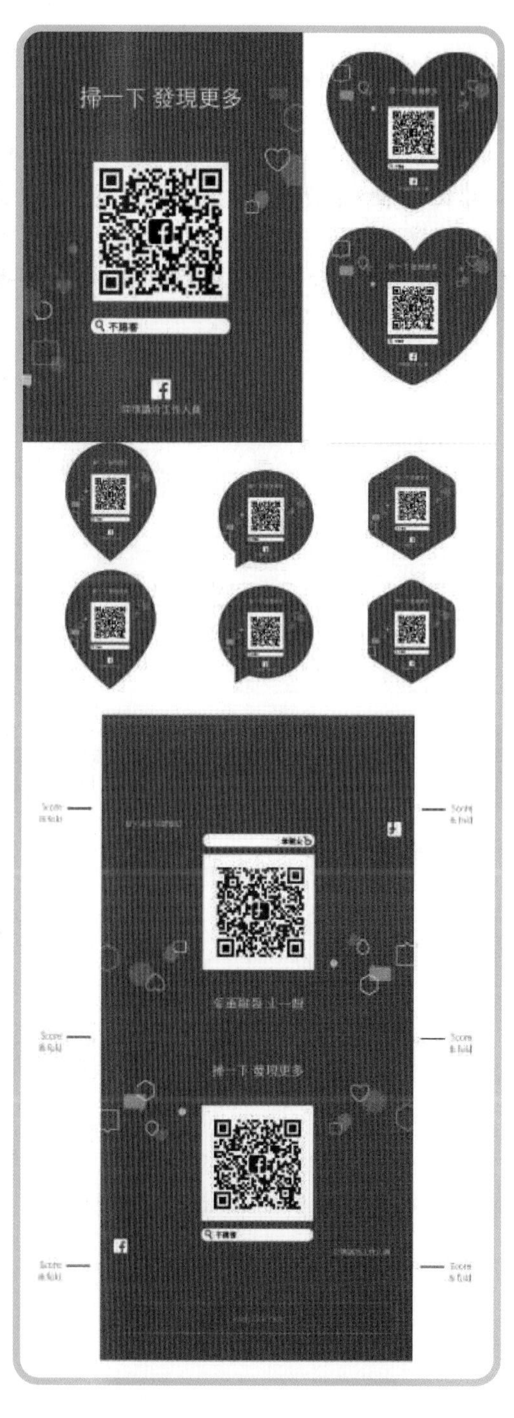

6-7 善用臉書工具——在Google搜尋到粉絲專頁

如何在 Google 搜尋出我的粉絲專頁

想要提高粉絲專頁在 Google、Bing 或 Yahoo 等搜尋引擎曝光被找到，說穿了其實就是 SEO 關鍵字的運用，想要讓你的粉絲團容易被搜尋到，有一些設定的眉角一定要注意。

雖然 Facebook 早已自成一個小宇宙，但是其本身還是很注重在別的平台的曝光及搜尋的，為此在粉絲團內有不少相關的設定，如：粉絲專頁類別、粉絲專頁的短網址、粉絲團名稱 @……等，一般人不太注重，但其實真正的關鍵點就在這裡。

目前可以確定的有三項，做好了 Google 搜尋就會出現粉絲專頁 。

一、取一個對的粉絲專頁名字

這是最基礎也是重要的一步，除了關乎到給一般人的感覺，更涉及到 SEO 的搜索。所以不要直接使用公司名稱，反而多運用功能性的關鍵字，然後在名稱後面可以再補充—類別、功能、特色、地區……等。

二、粉絲專頁用戶名稱 @

僅限英文及數字，目的就是為了讓 Google 蠕蟲容易抓取。可以放區域的點或是一般人會查這類行業商品的英文關鍵字。而很多熱門字是許多人在搶的，這個部分 Facebook 規定不能重複，所以早設早贏。

三、「關於」的內容

在「關於」中使用關鍵字，這就有點像是網站中的 Meta 描述，所以名稱一定要填寫，簡短的說明，地址、電話和營業時間，這正是有利於粉絲專頁能被搜尋中至為重要的關鍵字。

四、地址

「關於」中的地址若能夠填，盡量寫清楚，這可能跟 Google 重視在地化有關吧。

在粉絲團不好經營，SEO 關鍵字又很競爭的時候，利用大平台的優勢會很容易做到搜尋的曝光，要懂得把握。

已說讚
追蹤中
分享
觀看影片
關於
編輯粉絲專頁資訊
Boutique.tw不踢客
@boutique4.tw
首頁
服務內容
商店
關於臉書你不得不知道...
YOUTUBE網路行銷實戰..
關於
影片
貼文
一般
類別 網路行銷服務 編輯
姓名 Boutique.tw不踢客 編輯
用戶名稱 @boutique4.tw 編輯
商家資訊
+ 編輯商家詳情
編輯 開始日期
使命
你的窗外看到的是什麼風景
我指的是你心中的窗
...... 更多
動態
你知道網路行銷再做什麼?常看別人做都很簡單自己做就不容易，事實上沒有一件事該是簡單的唯有不斷更新持之以恆才能到達目標。網路行銷講師PG蔡沛君｜網路行銷課程實戰講座每周一~二篇請鎖定我將不定期發文報你知。
我們試圖在FB粉絲團上建立聯盟行銷，為我們的客戶帶來更多的曝光更好的互動。
只是.................
看到好玩的、好笑的、暖心的、奇怪的...就是忍不住要分享。
所以下場就是，我們偶爾會貼一些頁配文維持生計，但大多時候，這裡是用來分享我的無厘頭概念。
TEAM MEMBERS

粉絲專頁
收件匣
通知
洞察報告
發佈工具
設定
使用說明
建立粉絲專頁的用戶名稱
創立獨一無二的用戶名稱能讓用戶更容易搜尋到你的粉絲專頁。具有用戶名稱的粉絲專頁也可以自訂專屬網址，讓其他人能夠快速前往瀏覽和發送訊息給專頁。
Boutique.tw不踢客
@boutique4.tw.taipei
用戶名稱
19 / 50
@boutique4.tw.taipei
需要協助？請參閱選擇用戶名稱。，取得相關提示
取消
建立用戶名稱
Boutique.tw不踢客
首頁
服務內容
商店
關於臉書你不得不知道..
YOUTUBE網路行銷實戰..
關於
影片
貼文
相片
使命
TEAM MEMBERS

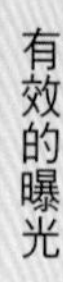

6-8 善用臉書工具——在Google搜尋到粉專貼文

如何讓 FB 貼文出現在 Google 搜尋上？

這是許多經營粉絲團的人超想做到的事，經過實驗後終於得出來結果了，Google 搜尋出現 FB 貼文其實不是難事，難的是熱門關鍵字並不會出現 FB 粉絲團貼文內容，畢竟 Google 跟 Facebook 是競爭對手，願意收錄就要偷笑了。

Google 跟 Facebook 都沒有發佈如何讓 FB 貼文出現在 Google 搜尋上，如何才能做到？其實做了不少實驗才得出結果。

一、主題關鍵字呈現內容不夠多元

當一個關鍵字的聲量不高時，會提到這個關鍵字議題的網站跟平台就不多，而 Google 是希望在搜尋的頁面上越多元越好的，因此還有一個演算法規定：一個搜尋頁面同一個網站最多只會出現二筆資訊。

所以當資訊不夠多元時，Facebook 的貼文可以出現在搜尋頁面上的機率就越高。而且，因為 Facebook 是個超巨大的平台，所以一但出現太多會是在第一頁上（3~5 頁還是有見過的）。

二、有人將網址分享在 Facebook 上

這是 Google 工程師說的，若有人在 Facebook 上分享關鍵字相關議題的內容網址，會有利於爬蟲發現 FB 上有你的相關內容。而我的確發現過有人分享我的文章網址到 FB 留言上，而且，這會不會是 Google 在反制 FB 連結貼文觸及太爛的狀況？

我的粉絲團的確是以連結貼文為主的。

三、FB 貼文內容的相關性

不是說議題不多元時，你寫的相同議題的 FB 貼文就一定會出現在 Google 搜尋上。想要出現，有一個很重要的要件是「內容相關性」。

你的 FB 貼文內容是不是對這個關鍵字議題是有觀點的、有完整論述的，清楚明瞭的說明被選中的機率越高。

而好玩的是「內容相關性」指的是單篇貼文，而不是整個粉絲團的內容，這又跟對網站的「內容相關性」要求指整個網站的是不一樣。

主題關鍵字呈現內容不夠多元時就容易出現 Facebook 貼文

筆數很多不代表有很多網站平台討論，也有可能是一個網站談論的多，像是我的「不踢客」網站。

關鍵字蠶食

全部 新聞 圖片 影片 地圖 更多 設定

約有 1,420,000 項結果 (搜尋時間：0.47 秒)

什么是关键字蚕食？之所以称呼关键字蚕食，是因为您要"蚕食"自己的搜索结果-您将点率，链接，内容和（通常）转化次数划分为两个页面。当您这样做时，您并没有向Goo示您的知识的广度或深度，也没有在提高您网站对该查询的权限。相反，您要让Google权衡您的网页，然后选择它认为最适合匹配关键字的网页。2020年1月3日

https://wpjian.com › wordpress-seo

如何识别和消除关键字蚕食以提高您的SEO - WP建站

關於精選摘要

https://boutique.tw › ... › SEO優化 關鍵字行銷課程

SEO優化錯誤關鍵字蠶食KeywordCannibalizatio策略｜不踢客 ...

2020年2月24日 — SEO優化錯誤：關鍵字蠶食keyword cannibalization 卻是我SEO優化的重要運用策略。這一個錯誤其實可以短期快速的讓SEO關鍵字獲得排名，...

https://wpjian.com › zh-tw › tips

什麼是關鍵字蠶食？ - WP建站

2020年5月21日 — 關鍵字蠶食意味著您的網站上有許多博客文章或文章，可以針對Google中的同一搜索查詢進行排名。或者是因為它們涵蓋的主題太相似，要麼是 ...

https://www.facebook.com › boutique4.tw › photos › g...

不踢客 - Facebook

終於擺脫關鍵字蠶食的噩夢了因為無法寫成一篇文章所以就在這分享好了 這二年狂寫SEO的文章

網路核心要素

全部 新聞 圖片 影片 地圖 更多 設定

約有 13,100,000 項結果 (搜尋時間：0.59 秒)

基本要素(nuts and bolts)

- 數以百萬的電腦主機與終端系統(hosts,end-systems)執行網路應用程式(network ap
- 通訊連結(communication links) ...
- 路由器(routers)往前傳送的封包(forward packets)

更多項目...

https://irw.ncut.edu.tw › peterju › internet

網路筆記Internet note

關於精選摘要

https://boutique.tw › ... › SEO優化 關鍵字行銷課程

The core web vitals 網絡核心要素將在2021年納入SEO排名因素

2020年11月16日 — ... 我們需要在更新前將網站準備好，雖然要搞懂The core web vitals 網絡核心要素比較困難，不過是有數據化檢測可以衡量，網路行銷講師蔡沛君

https://ar-ar.facebook.com › buyssing › posts › 2021年...

Buy買東西- 2021年5月網路核心要素將納入SEO排名因素了而依照 ...

2021年5月網路核心要素將納入SEO排名因素了而依照Google的習慣，現在應該開始動工了#提 但其實這一次Google 宣佈的演算法更新是『頁面體驗』而網絡 ...

這個 FB 粉絲團是在賣商品的，和不踢客寫行銷類的貼文性質完全不一樣。

四、Google 認為重要訊息

這個關鍵字有 1 千多萬筆內容很難不夠多元吧！但是為什麼 Facebook 的貼文會出現一模一樣的二筆呢？因為這個網絡核心要素被 Google 視為 2021 年最重要的演算法更新，讓大家知道更新時間是很重要的，但是在這裏面的頁面卻都只是敘述了「網路核心要素」相關的內容，並沒有提到 2021 年要更新演算法的訊息，所以萬不得已就都是（右圖下方）我的「不踢客」了。

五、自己發明的詞機率最高

自己發明的關鍵字可想而知會有誰跟你一樣？想當然爾，一定整頁都是你啊，所以 FB 貼文就出現在 Google 上了。

六、冷門專有名詞較易出現

至於真的很競爭的熱門關鍵字，Facebook 貼文並不會出現，以這一篇的業種實驗來看，像是 SEO 優化、關鍵字優化……等，這種熱門關鍵字就別想了，像是內部連結、外部連結、反向連結……等，這種很多文章在講的也不會有。而專有名詞相對的冷門就容易出現了。

七、個人的 FB 貼文不會出現

猜想是不是因為隱私權的關係，個人的 FB 貼文是不會出現在 Google 搜尋頁面上的，只有粉絲團貼文才有。

八、有 FB 官方資料就不會有粉絲團貼文

關鍵字搜尋有 Facebook 官方的內容，粉絲團的貼文內容就不會出現。這應該跟權威度相關。

冷門專有名詞較易出現，
自己發明的詞機率較高。

Google 和你認知不一樣的SEO優化

全部 新聞 圖片 影片 地圖 更多 設定

約有 64,800 項結果 (搜尋時間：0.62 秒)

影片

seo優化使用者優先｜和你認知不一樣的SEO關鍵字優化｜不踢 ...
YouTube · 網路行銷講師蔡沛君 I 不踢客數位行銷課程實戰講座
2020年7月27日

SEO優化之前的事｜和你認知不一樣的SEO關鍵字優化｜不踢客 ...
YouTube · 網路行銷講師蔡沛君 I 不踢客數位行銷課程實戰講座
2020年7月27日

seo優化新觀念｜和你認知不一樣的SEO關鍵字優化｜不踢客網 ...
YouTube · 網路行銷講師蔡沛君 I 不踢客數位行銷課程實戰講座
2020年7月25日

SEO優化注意事項SSL｜和你認知不一樣的SEO關鍵字優化｜不 ...
YouTube · 網路行銷講師蔡沛君 I 不踢客數位行銷課程實戰講座
2020年7月29日

 全部顯示

https://boutique.tw › ... › SEO優化 關鍵字行銷課程
和你認知不一樣的SEO關鍵字優化(九)｜不踢客網路行銷公司 ...
最近看到不少Google 工程師說的覺得有些傻眼的事，所以就來繼續顛覆原本的認知吧。和你認知不一樣的SEO關鍵字優化9 無論你有沒有學過SEO關鍵字有沒有聽 ...

https://boutique.tw › ... › SEO優化 關鍵字行銷課程
和你認知不一樣的SEO關鍵字優化(四) ｜不踢客網路行銷公司
這可以說是本網站操作的seo技法，目前前五集和大部分的seo技法雷同。seo關鍵字優化在這次說明的部分其實每個人的操作都不太一樣，各有長處。而以下僅是本 ...

https://pt-br.facebook.com › ... › 不踢客 › Publicações
不踢客- Publicações | Facebook
和你認知不一樣的SEO關鍵字優化(九)｜不踢客網路行銷公司/講師蔡沛君. 最近看到不少Google 工程師說的覺得有些傻眼的事，所以就來繼續顛覆原本的認知吧。

https://cs-cz.facebook.com › ... › 不踢客 › Příspěvky
不踢客- Příspěvky | Facebook
和你認知不一樣的SEO關鍵字優化(四)｜不踢客網路行銷公司. 這可以說是本網站操作的seo技法，目前前五集和大部分的seo技法雷同。seo關鍵字優化在這次說明

九、粉絲團貼文形式

那麼，有沒有什麼樣的規則才能讓粉絲團貼文出現在 Google 搜尋上呢？

1. 跟字數無關

跟粉絲團貼文字數無關。

2. 跟形式無關

右頁下方圖一則字數也不多外，還是連結貼文。而下方這一則則是完全沒有連結，是單張的圖片貼文（Google 出現的關鍵字為：關鍵字蠶食）。

3. 跟粉絲團大小無關

這粉絲團 2 千多人，與「不踢客」相差甚大，貼文內容是單純文字沒有圖。貼文一樣可以出現在 Google 搜尋

4. 跟 Tag 無關

有 FB 貼文出現在 Google 上的多為沒有 #Tag 的貼文。

5. 寫有意義的敘述才會出現

若是像寫 Tag 般無意義的句子或光寫一堆關鍵字也是不會被收錄在 Google 搜尋上。所以像是「財哥體」，或是像寫 IG 貼文那樣的都是堆重點字，並不會被排名。

6. 粉絲團貼文文案內一定有的字

目前相關字跟相似字都還不會出現，一定是一樣的關鍵字才行。所以，以這個情況來看，若是這個關鍵字可搜尋的內容夠多元、量夠多時，可能現在會出現的字以後也不見得會出現了。

十、社群貼文比較

以此類推，Twitter、Pinterest 也是如此的，我的 Pinterest 貼文是有出現在第三頁。只是在台灣比較重視 Facebook，使用也多。而 Instagram 則似乎是只有專業帳號的姓名含關鍵字會出現在 Google 搜尋上，不知跟連結不能點有沒有關係。

在眾社群平台中，唯獨只有 YouTube 品牌頻道有機會出現與眾網站競爭而已，這應該跟其屬 Google 旗下平台有關。

FB貼文與字數無關

這二筆都是我的網站文章，第二筆的關鍵字是在內文才出現，而 FB 貼文則是與第一筆文章第一段內容一樣。

Google 關鍵字權重分散

全部 新聞 圖片 影片 購物 更多 設定 工具

約有 1,100,000 項結果 (搜尋時間：0.46 秒)

『關鍵字權重分散』keywordcanabalization會造成那些悲劇

- 熱門關鍵字甚至都在第一頁，核心關鍵字連前100都沒有
- 會被GOOGLE更改網站名稱
- 3.一旦被判定關鍵字權重分散容會造成流量混亂
- 過度優化等於沒優化

2019年1月21日

https://boutique.tw › ... › SEO優化 關鍵字行銷課程

『關鍵字權重分散』會造成那些悲劇｜不蹋客網路行銷公司

關於精選摘要 · 意見回饋

https://www.awoo.com.tw › SEO 網站優化 › SEO 進階課

網頁互搶關鍵字排名？解決關鍵字權重分散(Keyword ... - 阿物

2018年7月12日 — 如果關鍵字權重分散(Keyword Cannibalization)造成困擾，如何修正？301轉址; Canonical宣告標準網址; 調整關鍵字、優化策略, 防患未然：妥善地 ...

https://boutique.tw › ... › SEO優化 關鍵字行銷課程

關鍵字權重小的網站如何操作SEO排名｜不蹋客網路行銷公司 ...

2021年1月25日 — 好處是，操作起來後可以做到關鍵字無所不在，演算法怎麼變排名怎麼更動都會有 ... 關鍵字權重分散』keywordcanabalization會造成那些悲劇

https://www.apseo.com.tw › news-913

關係到關鍵字排名的三大要素 - 蘋果網頁設計

能不能集中火力在一個網頁，讓關鍵字排名更前面呢？數據顯示搜尋結果前 ... 在SEO裡，我們稱之為關鍵字權重分散(Keyword Canabalization)。首要判斷依據：...

https://www.facebook.com › dcplusmmdc › posts › seo-...

dcplus 數位行銷實戰家-【SEO 密技：網頁互搶關鍵字排名 ...

SEO 密技：網頁互搶關鍵字排名？】經營網站時，難免有「多個網頁鎖定同一個關鍵字」造成了#關鍵字權重分散，該如何修正？記得搶先看#dcplus數位行銷 ...

該粉絲團貼文內容

2018年8月9日

【SEO 密技：網頁互搶關鍵字排名？】

經營網站時，難免有「多個網頁鎖定同一個關鍵字」
造成了 #關鍵字權重分散，該如何修正？

記得搶先看 #dcplus數位行銷實戰家 粉絲專頁，最實戰的 #SEO秘訣都在這裡！ http://bit.ly/2o2pdiw

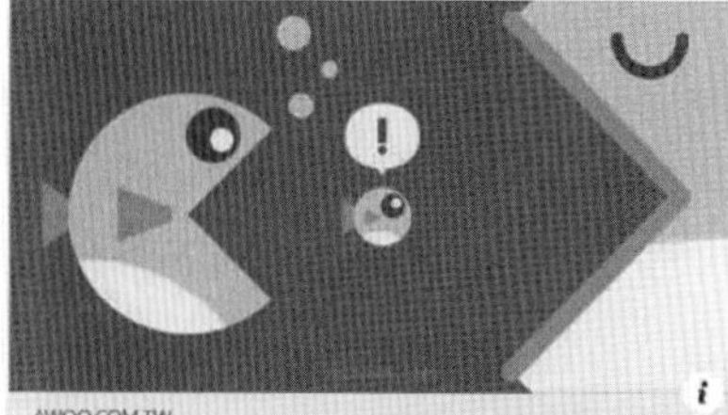

AWOO.COM.TW

網頁互搶關鍵字排名？解決關鍵字權重分散(Keyword Cannibalization)

10　3次分享

6-9 善用臉書工具——限時動態

Facebook 粉絲團限時動態怎麼用？——手機版＆電腦版

粉絲專頁限時動態會出現在動態消息頂端的明顯位置。用戶也可查看粉絲專頁限時動態，只要點擊行動版頁面的「大頭貼照」即可。

一、限時動態的優勢

1. 更頻繁分享內容：

企業商家常會評估自己應在粉絲專頁發佈貼文的頻率。如果你已將內容分享到粉絲專頁，或者目前正在粉絲專頁進行推廣活動，那麼建立粉絲專頁限時動態，為粉絲群提供不同形式的互動模式，有助於你變得更加活躍，更能吸引粉絲的注意。

2. 注入更多人情味：

若你想讓粉絲專頁顯得親切又平易近人，限時動態是能幫助用戶深入瞭解你和你所經營商家的最佳途徑。可以透過限時動態分享更個人、更觸動人心的內容，藉由限時動態捕捉到的有趣瞬間，將大夥凝聚在一起。

3. 觸及用戶不間斷：

若有粉絲錯過某篇貼文，在他們登入 Facebook 時，你的限時動態會顯示在他們動態消息的頂端，如此不但可重新吸引較被動的用戶，也能以靈活的方式為所有粉絲提供最新消息。在限時動態發佈期間，也可隨時查看觀看的用戶人數。

二、限時動態會出現在哪裡？

會顯示在所有粉絲專頁追蹤者動態消息頂端的限時動態。追蹤者必須點按粉絲專頁的限時動態才能查看。最近，在動態牆上也會出現。而粉絲專頁管理員無法封鎖特定用戶，使對方無法查看粉絲專頁的限時動態。

三、限時動態中的相片和影片會保留多久？

限時動態中的相片和影片會在 Facebook 和 Messenger 保留 24 小時。在限時動態直播的過程中，直播視訊會一直出現在限時動態中。

手機板Facebook APP

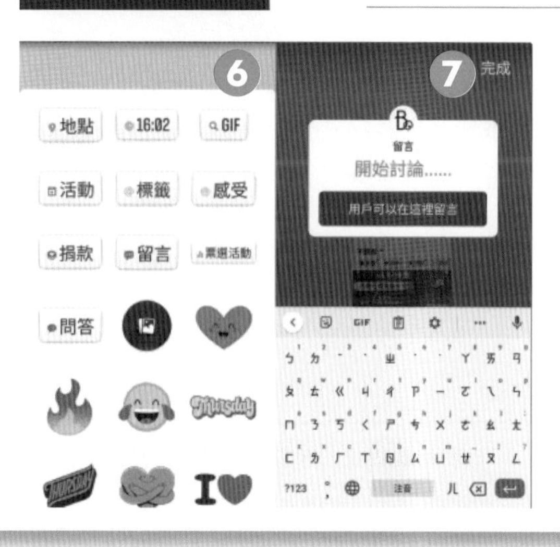

四、如何使用限時動態？

（一）手機版

分二種：一種是從 Facebook 的 APP。一種是從商務套件的 APP。

從手機 Facebook 的 APP 進入你的粉絲專頁，直接按大頭貼就會出現四個選項，第一個選項就是建立限時動態 。

點入後有四個選項，不過我們大多都是選下面圖庫的圖然後寫一段文字使用。

點出圖後用二支手指頭即可調整圖的大小跟位置，接著右邊有幾個選項，選第二個寫文字就完成了。不過，還有更好用的。

寫文字可以選文字的顏色跟排列。

1. 在 ❸ 右邊的最後一個選項是加連結，點了之後可以選擇按鈕名稱跟輸入按鈕網址。
2. 在 ❸ 右邊的第一個選項是加互動方式，可以利用問答、留言、票選等，和粉絲互動。
3. 互動方式的呈現。

從商務套件的 APP 進入：中間下方的藍色「＋」按進入後就出現以下畫面。

（二）電腦版

必須先進入創作者工作坊（可從發佈工具右邊功能找尋）

1. 點入後，分可以上圖文或只有文字。
2. 圖文的部分，上圖後點圖片可放大縮小旋轉。另外可以加文字和連結按鈕。

（三）其他

使用 Facebook 相機：

可在當下立即拍攝相片或影片，或從影像膠卷上傳相片或影片，並從數百創意特效中，挑選所需的特效框、變臉特效、貼圖等等，創造個人化的相片或影片。

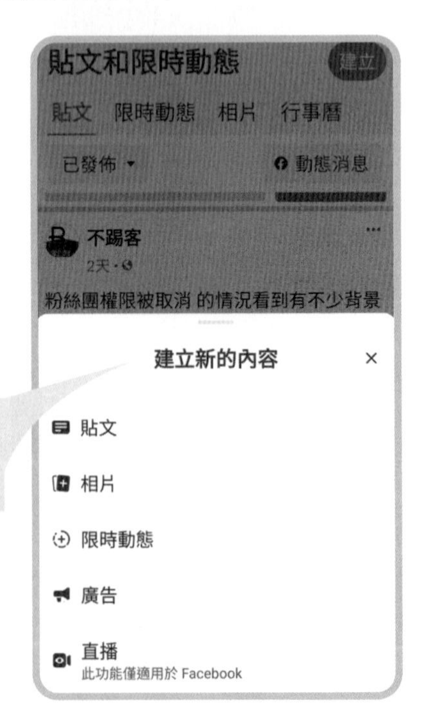

6-10 善用臉書工具——商店

商店功能可以輕鬆打造符合自己需求的數位店面。運用商店來吸引顧客並協助他們找到符合需求的商品。

一、商店的運作方式

新手賣家可以在商務管理工具中建立商店。如果從未設定過 Facebook 粉絲專頁商店，也可以從「編輯頁籤」中進入「商店」。

當新增新商品到「商店」時，用戶便能夠在「動態消息」中和 Facebook 商店頁籤上看見該商品，或收到通知，鼓勵他們造訪商店。

商店能夠在 Facebook、Instagram 和 Marketplace 上提供統一據點。系統會統一各家族應用程式中的商店自訂功能。也就是說，假如顧客透過 Instagram 商業檔案和 Facebook 粉絲專頁皆可進入商店，那麼他們在 Instagram 和 Facebook 上就都能看到您的商品精選集。

如果商家已連結 Facebook 粉絲專頁商店和 Instagram 商業檔案，就能擁有跨 Instagram 和 Facebook 共用的店面。

二、設立商店需要的條件

只要有編輯及其以上的權限即可以設定商店。

雖說一開始可以從「編輯頁籤」進入新增，但是此功能屬於企業管理平台的功能之一，若要管理與編輯建議要去申請企業管理平台。

目前在台灣，Facebook 商店的金流功能尚未開啟，所以新增商品時需要有商品網頁的網址才能編輯成功。

之後編輯或新增則需至商務管理工具的目錄中

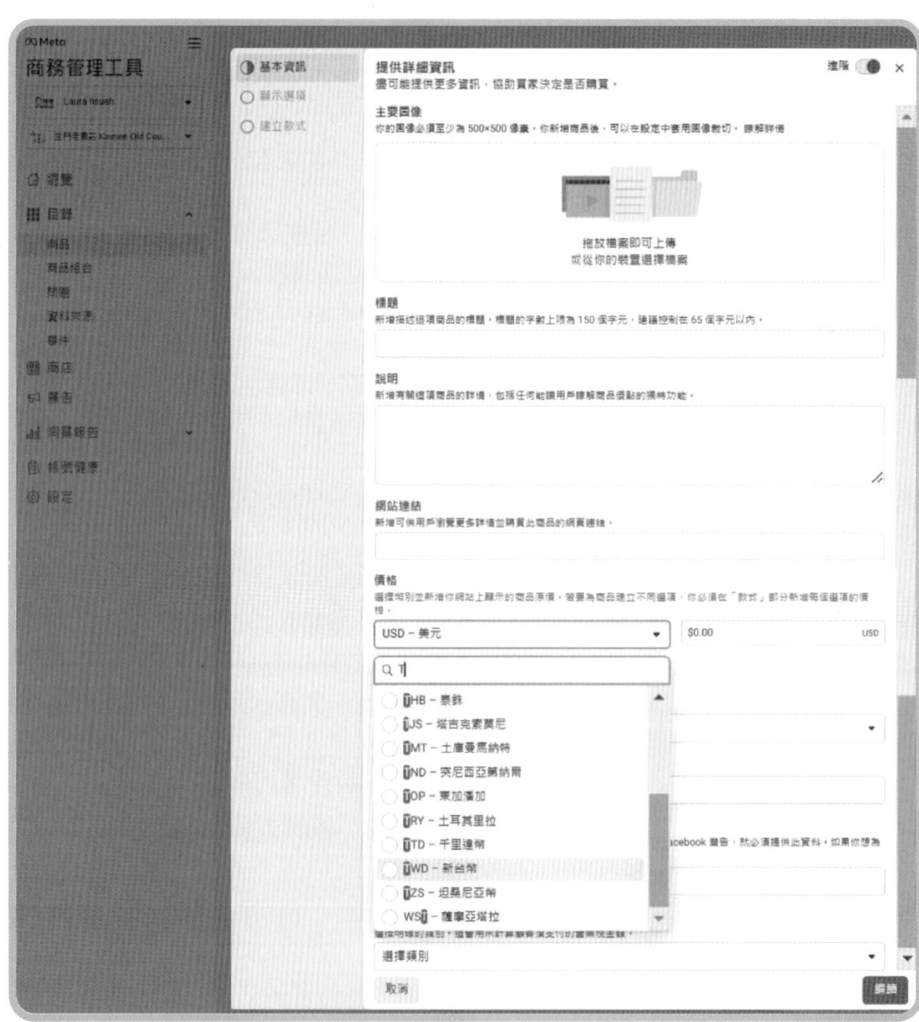

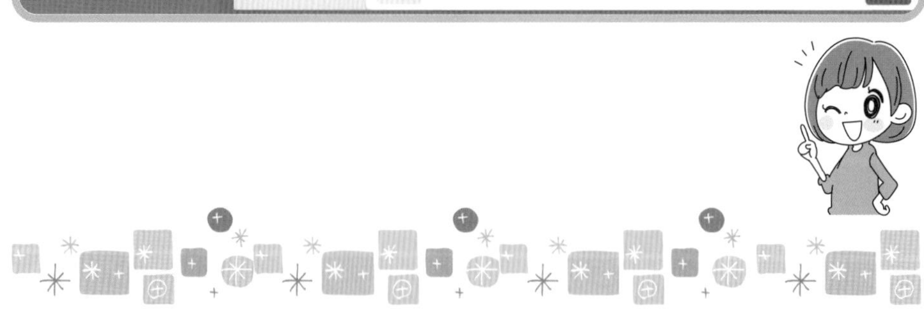

6-11 善用臉書工具——服務內容

「服務內容」適合沒有實體商品的公司或店家。

尤其是 B2B 的公司覺得不容易經營粉絲專頁，那就更需要把「服務內容」這個頁籤經營好，把該讓消費者清楚的內容說明清楚，並加上連結及聯絡方式，也可以鼓勵私訊。

以我經營的粉絲專頁，就算是貼文互動不夠好，依然還是時不時會有私訊詢問「服務內容」裡相關的服務項目。

6-12 善用臉書工具——菜單

在粉絲團的「關於」最下方有一個「菜單」的功能，這也是「編輯頁籤」中的一項功能。基本上，只要範本設定是「標準」，就一定會有，其他則不一定。

雖然「菜單」的功能目前就只是單純的菜單，但就目前的格式來看，若未來想要發展成外送平台，也不是不可能的，看到這個地方就會認為 Facebook 的企業管理平台未來的強大。

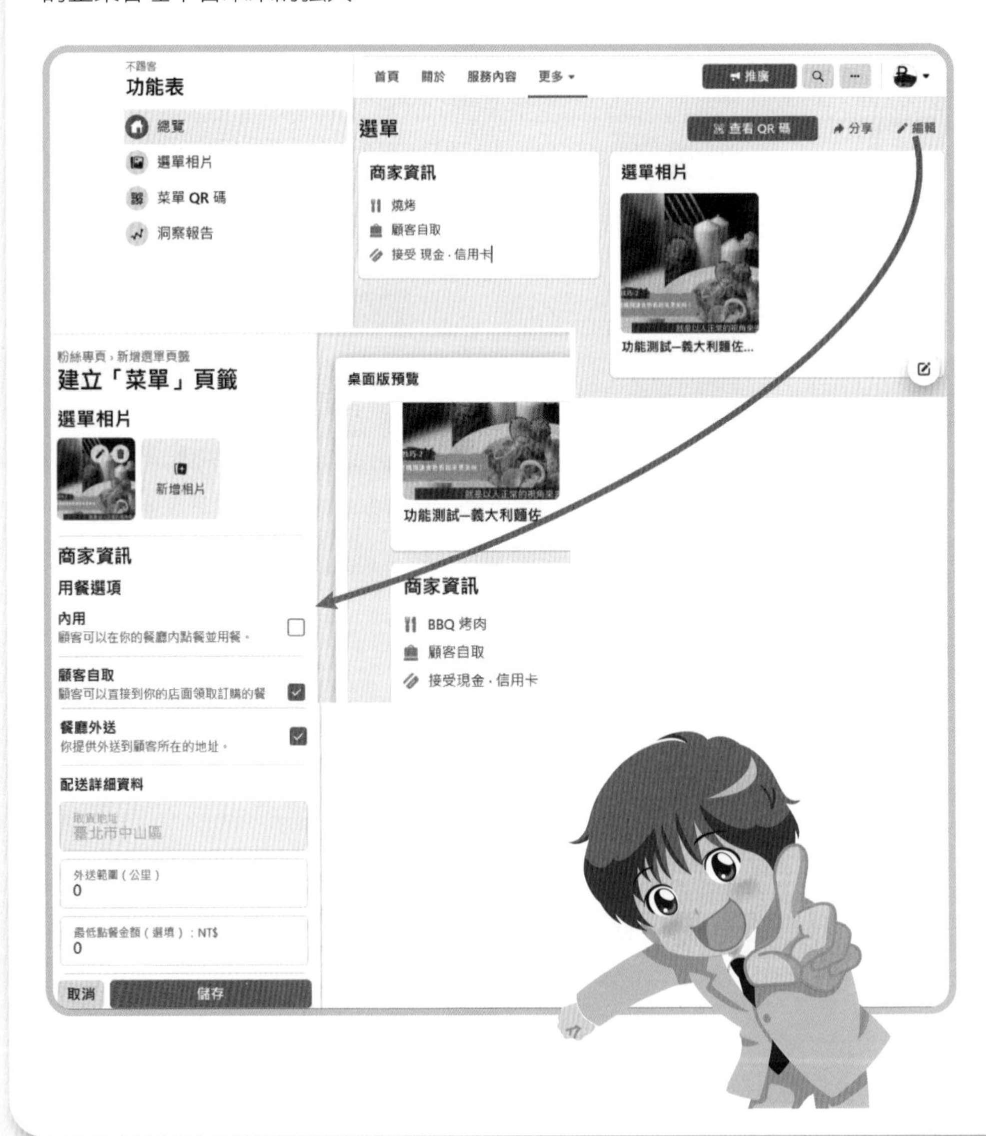

6-13 善用臉書工具——多文發佈

這項功能可以和網紅合作曝光，可以合作聯盟行銷，還可以讓小編一次發佈多個粉絲專頁。使用方式與特色：

1. 必需相互加粉絲團。以粉絲團身分互相按讚後，從「設定」進入在左方選擇「多文發佈」，互相將對方粉絲專頁加入即可。
2. 僅限影片。在發佈貼文處上傳影片時會多一個選項為「多文發佈」，將前面按鈕開啟。
3. 在「發佈工具」中接收。另一方會在「發佈工具」處收到影片，這時還沒上傳至對方的動態喔。
4. 可編輯後再發佈。可以重新編輯文字的部分，再選擇發佈時間。
5. 擁有者可主導。若原始發佈影片的粉絲團將影片刪除了，另一方影片也會自動被刪除。
6. 查看洞察報告。可以查看影片曝光成效，在粉絲專頁上方的發佈工具 > 點擊左側的影片。也可以在點擊右側區塊，查看更多影片成效的相關詳情。

例如：

1. 觀看的分鐘數：該影片在粉絲專頁貼文、分享貼文和交叉發佈貼文中的觀看分鐘數。
2. 受眾人數與互動： 影片觸及的受眾人數，以及針對至少 100 人觀看的影片所做的受眾人口統計資料。
3. 貼文互動次數：貼文及影片的總互動次數（如：按讚、留言）。

多文發佈

粉絲專頁
收件匣
通知
洞察報告
發佈工具
設定
使用說明
一般
訊息
編輯粉絲專頁
發文身分
通知
Messenger 平台
粉絲專頁角色
用戶和其他粉絲專頁
粉絲專頁受眾偏好設定
合作夥伴應用程式與服務
品牌置入內容
Instagram
精選
多文發佈
粉絲專頁支援收件匣
新增粉絲專頁即可多文發佈
在此新增或移除粉絲專頁，管理你的多文發佈系統。瞭解詳情
加粉絲專頁
Buy買東西
購物服務・1K人說這個粉絲專頁讚
移除...
目前僅限影片類

影片詳情
喀緊哦~
2017 Christmas
影片總成效
觀看的分鐘數
影片觀看次數
觀看 10 秒的次數
影片平均觀看時間
觀眾與互動
這段影片被用於2則貼文中
洞察報告中的貼文

6-14 善用臉書工具——品牌置入

品牌置入其實對於聯盟行銷或是網紅行銷都是很好使用的工具，在涉及價值交換的情況下，介紹某企業合作夥伴或受其影響的創作者或發佈商內容皆可使用。

使用方法：

1. 在平時貼文的地方下方就會出現一個握握手的符號按鈕。
2. 點選之後就會像其他小功能那樣，出現填選的小空格。
3. 這個地方可以選擇的粉絲團是管理者個人有按過讚的粉絲團。
4. 點選後在你的貼文中就會曝光這一家的粉絲團。
5. 一篇貼文只能填選一家的粉絲團。

若你還沒有這項功能，則可以去申請品牌置入內容標籤。

雖說規定一天的審核期，不過大約 2~3 小時就通過了。

https://www.Facebook.com/business/help/175356429647923?helpref=related

品牌置入設定1

品牌置入內容設定

You can control the ability for creators and publishers to tag your Page as their business partner in branded content posts. 瞭解詳情

區塊

Require Approvals	跳至區塊
Add Creator	跳至區塊
Approved Creators	跳至區塊

需要核准

開啟核准功能，僅允許所選的建立者標註你的粉絲專頁。 開啟

新增建立者

選擇可標註你粉絲專頁的建立者。

Enter Page or Profile name Add

品牌置入設定2&3

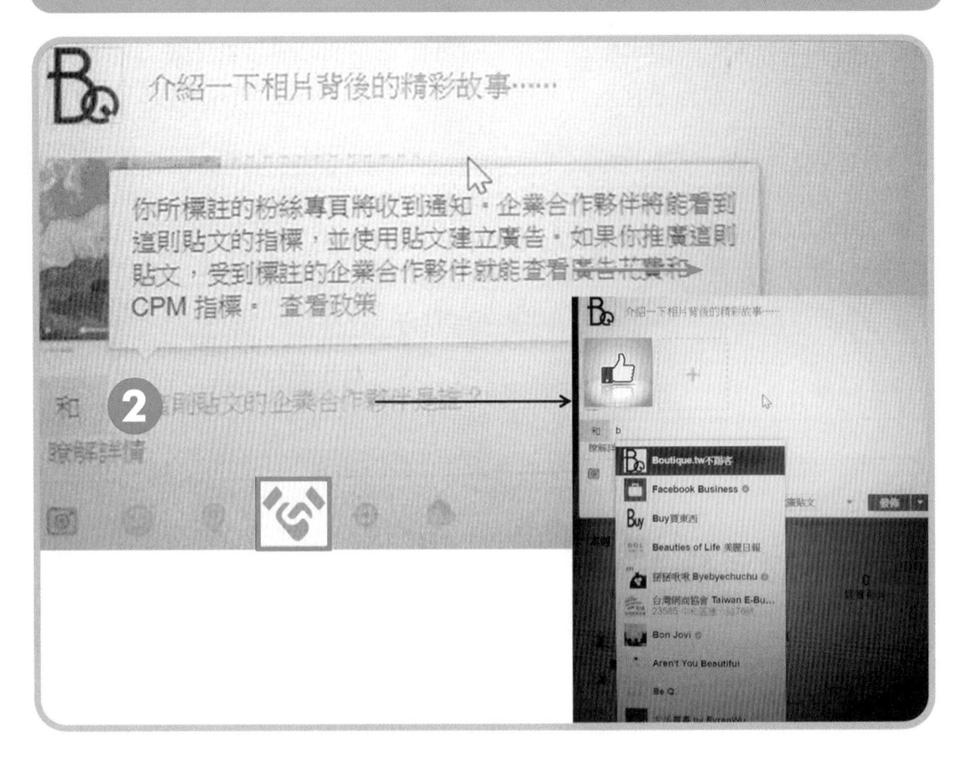

此為貼文呈現的結果

1. 以粉絲專頁身分按讚後核准
2. 貼文下方功能
3. 填上合作粉絲專頁

6-15 善用臉書工具——企業管理帳號

Facebook 企業管理平台推薦 6 大好用功能

在 2020 年 Facebook 企業管理平台又一次的大改版後已經趨於完整。因此，建議要去申請，而且，會使用後台在老闆眼中就是專業（因為他看不懂）。企業管理平台可以分做以下區塊：

一、細分權限

在前台只是單就粉絲團權限細分，不過，若你只希望請某個人下廣告，其餘的並不希望讓他接觸，前台就辦不到了。

後台的權限可分為：

1. 粉絲專頁權限。
2. 下廣告權限。
3. 應用程式。就是你設計可以在 FB 中使用的程式，如：遊戲、機器人、縮短網址，所以這權限通常是給工程師的。
4. Instagram 帳號權限。
5. 管理資產權限。可以說是做權限的組合，比如：下廣告需要的權限可以給他，像廣告、像素、數據分析，這些權限。
6. 合作夥伴。就是外包，或你去跟人接案，那就看需要給權限，他就看不到你其他的後台，像是其他人員、是誰、跟權限到哪兒。

二、數據分析

Facebook 的數據很強的，除了他把所有上億筆使用者的數據和你分享，若你有網站，使用 FB 的像素串接後，在後台看 FA 報表可以很直覺，不像看 GA 還要去上課學習怎麼看。另外，若找部落客合作頁配，發佈在對方粉絲團的貼文，未來也可以在此查看數據。

三、創作媒合

個體戶可以和 Facebook 申請為創作者，然後就可以被刊登在一般商家的品牌合作管理平台中，刊登在這裡會提供追蹤人數和互動次數給商家參考，然後可以媒合雙方的合作。

一、細分權限

二、數據分析

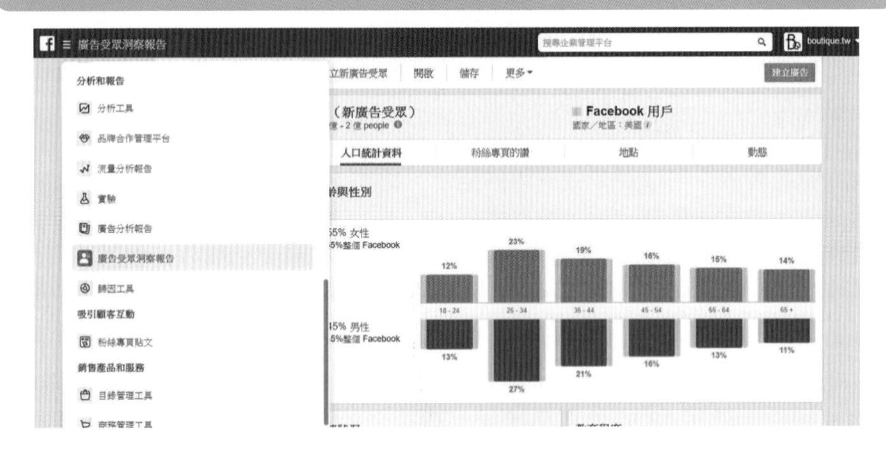

三、創作媒合

四、電商平台

這裡將前台的商店做更細的規劃，等金流開通後就會越來越有電商的規模。目前美國地區金流已經開通了，因此電商的這一塊大餅 Facebook 已經很確定要來分食。

五、廣告後台

這裡除了連到以前我們使用的專業廣告後台，也有一塊內容貼文的創作者可以媒合，而之前有下過廣告的貼文及受眾，也都存在這裡。

六、資訊安全

這裡除了可以強化粉絲團的資安，付款的信用卡資料也是在這個位置。

五、廣告後台

廣告創意中心
刊登廣告
自動化規則
廣告受眾
廣告帳號設定
廣告創意中心
廣告管理員
分析和報告
分析工具
品牌合作管理平台
流量分析報告
實驗
廣告分析報告
圖像文字比例評分
圖像文字比例: 適中
您的廣告將會正常刊登。
圖像文字比例: 低
您廣告的觸及人數可能會稍微偏低。
圖像文字比例: 中
您廣告的觸及人數可能會大幅降低。
圖像文字比例: 高
您的廣告不會刊登。
常見問題
廣告圖像的文字比例過高是什麼意思？
廣告圖像中應包含多少文字？

六、資訊安全

資料來源
品牌安全
已註冊新聞專頁
整合
付款
安全中心
申請
通知
企業管理平台資料
設定指南
帳號安全
雙重驗證
哪些人需要開啟雙重驗證？
沒有人
已新增備用管理員
新增
驗證
商家驗證

第七章
有效的互動

7-1　善用臉書工具——活動
7-2　善用臉書工具——優惠券
7-3　善用臉書工具——廣告
7-4　善用臉書工具——私訊（一）自動回覆
7-5　善用臉書工具——私訊（二）預約
7-6　善用臉書工具——口碑行銷的利器是客服（一）
7-7　善用臉書工具——口碑行銷的利器是客服（二）
7-8　善用臉書工具——直播
7-9　善用臉書工具——直播外掛OBS

7-1 善用臉書工具——活動

一、如何為 Facebook 粉絲專頁建立活動？

現在的粉絲專頁活動也越分越細了，基本上所有活動都會設為公開。

為粉絲專頁建立活動方式：

1. 進入粉絲專頁。從左側功能列點擊活動，然後點擊建立新活動。
2. 選擇點擊線上活動或現場活動，新增活動詳情，然後點擊建立活動。

二、建立定期活動

只有粉絲專頁可以建立定期活動。如果實體活動有多個場次，則可以用粉絲專頁建立定期活動。定期活動僅可以定期舉辦 52 次，且活動開始後便無法再次編輯地點和時區。

建立定期活動方式：

1. 進入粉絲專頁。從左側功能列點擊活動，然後點擊建立新活動。
2. 點擊現場，然後點擊定期活動。點擊頻率，然後選擇每天、每週或自訂。若要選擇自訂日期，並在行事曆上選擇活動的舉辦日期。
3. 新增時間以為各日期新增開始時間和結束時間。如果活動時間都一樣，也可以點擊新增這個時段到所有日期。新增活動詳情，然後點擊建立活動。

三、建立巡迴活動

如果是音樂家、喜劇演員或藝術家，在各大城市舉辦巡迴活動，便可使用這項功能。

為粉絲專頁建立巡迴活動可透過單一巡迴活動管理多個活動場次。 可以使用現有活動建立巡迴活動，或是建立巡迴活動時建立新活動。

四、建立線上活動

1. 進入粉絲專頁。從左側功能列點擊活動，然後點擊建立新活動。然後點擊線上。
2. 選擇線上活動類型：

   Facebook Live：適用於超過 50 位賓客的活動。

   包廂：最多可容納 50 位用戶（含主辦人和共同主辦人）。

   外部連結：用於站外活動。使用活動主要在説明需要知道的所有事項。
3. 可以設定隱私

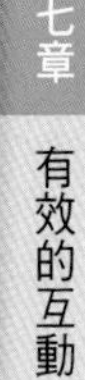

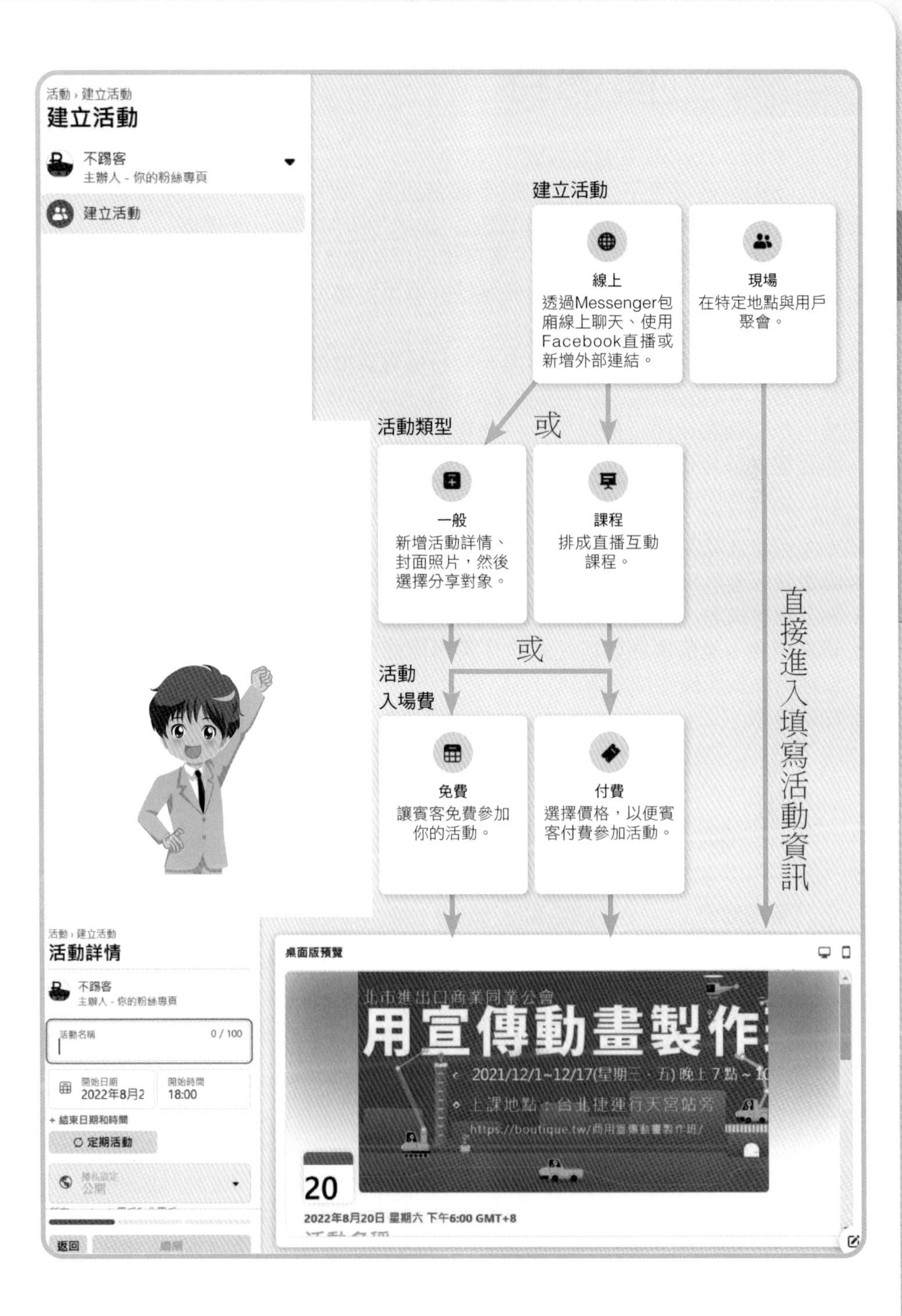
活動 › 建立活動
建立活動
不踢客
主辦人 - 你的粉絲專頁
建立活動
建立活動
線上
透過Messenger包廂線上聊天、使用Facebook直播或新增外部連結。
現場
在特定地點與用戶聚會。
活動類型
或
一般
新增活動詳情、封面照片，然後選擇分享對象。
課程
排成直播互動課程。
或
活動入場費
免費
讓賓客免費參加你的活動。
付費
選擇價格，以便賓客付費參加活動。
直接進入填寫活動資訊
活動 › 建立活動
活動詳情
不踢客
主辦人 - 你的粉絲專頁
活動名稱
0 / 100
開始日期
2022年8月2
開始時間
18:00
+ 結束日期和時間
定期活動
返回
桌面版預覽
用宣傳動畫製作
2021/12/1~12/17(星期三、五) 晚上7點
20
2022年8月20日 星期六 下午6:00 GMT+8

7-2 善用臉書工具——優惠券

一、使用 Facebook 優惠的好處

Facebook 優惠不僅可吸引既有顧客回籠，還能為商家帶來新客群。可以直接從粉絲專頁建立抵用券與折扣資訊，讓用戶多加瞭解好康優惠。

1. 帶動網路或實體店面業績成長，選擇讓用戶在網路或實體店面兌換優惠。
2. 推廣優惠以擴大觸及範圍。如果想提升優惠的觸及率，可以從商家的粉絲專頁加強推廣優惠。
3. 可以提醒用戶使用優惠。優惠與一般粉絲專頁貼文不同，儲存優惠的用戶都將自動收到提醒通知，以便在優惠到期前加以兌換。
4. 讓用戶能輕鬆使用行動裝置兌換優惠，這些優惠不僅方便行動版用戶使用，而且經過最佳化設計，無論在網路或實體店面兌換都相當便利。也可以選擇提供抵用券代碼。

二、如何建立優惠

1. 點擊粉絲專頁建立貼文的優惠。
2. 寫下優惠說明。如果活動時間長於或短於一星期，可以編輯優惠到期日。
3. 新增相片，並選擇顧客能在網路或實體店面使用優惠。也可以新增優惠代碼或使用條款與條件（選填）。
4. 點擊發佈。

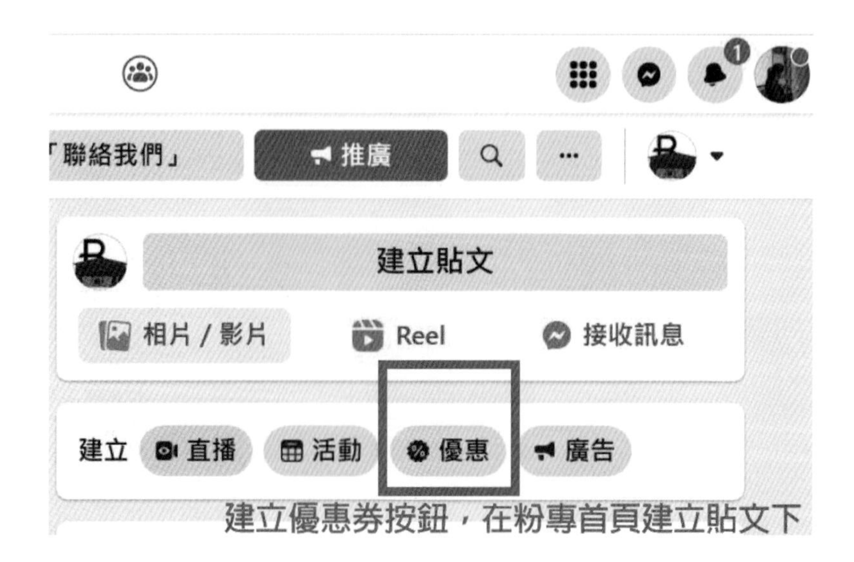

建立優惠券按鈕，在粉專首頁建立貼文下

建立新優惠
你的優惠是什麼？
折扣類型
折扣百分比
20 % 折扣
商品或服務
說明（選填）
相片
從相片中選擇
新增相片
為你的優惠新增相片，用以清楚展示你的商品或服務，請勿使用包含文字的圖像。
到期日
2022年9月1
時間
23:59
哪裡可以取得此優惠？
實體店面
用戶可以到你的實體商店或營業地點兌換此優惠
網路
用戶可以在網路兌換此優惠
地址
臺北市中山區
新增網路優惠網址
新增用戶可兌換此優惠的網站網址
進階選項
按鈕
來去逛逛
新增使用條款與條件
新增優惠代碼（選用）
發佈
不踢客發佈了 1 項優惠
剛剛
關於你優惠的詳情會顯示在這裡……
折扣20% 的
儲存
讚
留言
分享

7-3 善用臉書工具——廣告

近幾年有許多「買出來的粉絲專頁」，粉絲數超多但是按讚數卻只有個位數，現在幾乎所有的粉絲團都知道不能這樣玩了，可是 Facebook 廣告卻已經被玩爛了。

然而，Facebook 不斷的調降觸及率，不下廣告根本沒效果。面對這種情況究竟還能不能利用廣告操作議題呢？你需要的應該是重新規劃你的行銷模式。接下來好的內容只會越來越吃香，單單靠廣告操作粉絲團的時代已經過去了，現在廣告操作只能當作是輔助工具。

因為曝光高相對代表的是不好的、失敗的內容也被許多粉絲看到了，所以在粉絲團成立之初就開始砸廣告適合嗎？那就要看你自己的操作方式，沒有對不對，只有適不適合。

若你是邊做邊修正的模式，那麼等粉絲團內容到了一定的程度後再廣為曝光，而你也準備好了，反而穩穩的做比較能長久。若你是什麼都準備好才開始的個性，那麼還等什麼，趕快曝光把你的優質內容散播出去是沒有錯的。

還有，一則廣告被看到一次、二次，還能被接受，若看個三次、四次甚至以上，就會開始產生反感，更可能取消追蹤粉絲專頁。

因此，現在廣告投放的方式應該改變，你可以單日金額高，讓一次很多人看到，一週之後再用另一個相似的廣告，再用相同方式投放。或是多準備幾則廣告交互替換，這會比現在每天同一則廣告不斷轟炸來的有效率多了。

當然，現在廣告費用也不斷的在上漲，許多依賴廣告的粉絲團無不哀哀叫。不過，我可以告訴你的是，若你以內容為主，廣告為輔，其實廣告的費用感覺並沒有上漲很多，但是，成效絕對比你只有利用廣告操作的效益來的大上許多。

一、Facebook 廣告投放心法——如何增加廣告投放效能

如何增加廣告投放效能？其實你真正該注重的是內容行銷。

最近新客戶有一組 Facebook 廣告投放效益超乎預期，一開始只是因為轉換率成本超低開始引起我的關注，到後來則是因為轉換到網站後發現不只到達頁面，連其他的頁面尤其是首頁，瀏覽量破天荒的高。也就是說，轉換到達頁面的受眾都會再去瀏覽其他的頁面，不只如此，連粉絲團的按讚數和其餘每篇貼文的按讚分享也一起暴增了。

而且，在廣告期間過了之後，網站的流量是比以前增加許多的，這表示瀏覽的人也願意再度造訪。於是我有了新發現，這一組廣告的設定主要是以「從未造訪過粉絲團及網站的受眾」為主，投放的是「轉換率」，希望引進新消費者進來關注，一般而言全新沒接觸過的消費者是很難一次就吸引到他的興趣的，究竟是做了什麼有這樣的成效？

（一）正確的受眾

通常我們在下 Facebook 廣告時要求的是「精準的」受眾，但是因為這次要的是全新的消費者，所以排除了所有的舊客戶，在受眾設定時不像以前設了四、五十個，反而只要求正確的設了十幾個。

當然，觸及數很高而點擊數還好而已。

（二）吸引受眾的內容

重點來了，一開始選擇的廣告貼文的確是有吸引到受眾，然而，在轉換到網站之後，受眾並不會只瀏覽一頁面，而是每一頁都點來看了。

網頁頁面的部份除了這次使用的到達頁，事實上其他的頁面也是會不時的修正換圖或改字。這在一般的公司是很難做到的，除了增加工作之外，員工也不見得有這種熱誠。

但是事實上，網站頁面不時的更新是有助於每一個網頁的優化的，這不只是搜尋的優化，更是讓顧客有更好體驗的作法。

這時，當你的網站有吸引人駐足的圖片、詳細敘述的文字、流暢的動線……等，各方面都是成熟的，消費者自然就會留下來。

網站和粉絲團都一樣，一成不變消費者只會逐漸流失，不得不注意。

一、正確的受眾

二、吸引受眾的內容

Facebook廣告投放心法-
如何增加廣告投放效能

二、Facebook 官方說明：關於衡量廣告成效

刊登網路廣告後，難免有些疑問，不知道這些廣告是否有助於達成您的業務成果、廣告策略是否奏效，以及行銷活動是否創造亮眼的投資報酬率（ROI）。若想解答以上問題，最好的方法莫過於衡量廣告成果。成效衡量可瞭解廣告是否達成成果，還能針對下一步做出明智決策。還可以藉此取得必要資料進行最妥善的媒體規劃，讓行銷活動為您的商家創造更大價值。

假設想知道廣告是否觸及目標受眾，以及目標受眾是否對廣告做出回應。成效衡量不僅能瞭解廣告的觸及人數，還能提供廣告受眾的人口統計資料和裝置類型等相關資訊。

利用這些資訊精細設定目標受眾，或調整廣告策略。成效衡量也能知道廣告受眾是否採取期望的動作，例如：在看過廣告後造訪網站或應用程式，或是進行購買交易。後台可以看到購買交易量，以及這些交易是否來自觀看或點擊廣告的用戶。

三、成效衡量理念

以下三點是影響網路廣告成效衡量是否精確的關鍵要素：

（一）根據真實用戶進行衡量

以人為本的工具可以大幅提升衡量的精確度，因為 Facebook 所依據的數據皆來自平台上的活躍用戶。

成效衡量工具可讓行銷人員依據以人為本的單一標準，衡量和比較廣告成果。利用來自 Facebook 用戶的精準行銷數據進行成效衡量，反觀其他衡量工具，則只能追蹤裝置、Cookie 或瀏覽器。

可以輕鬆追蹤所有數位廣告，進而分析出更準確的結果，瞭解有多少不重複的用戶，在 Facebook 和其他網路空間，看過廣告並採取動作。也可以深入瞭解廣告受眾的人口統計資料（包括年齡、性別和地點），以利擬定廣告行銷決策。

（二）衡量真正重要的指標

指標可讓衡量絕大多數與業務關係重大的成果，包括品牌廣告訊息的觸及人數，以及成效型廣告所帶來的購買交易量。這些衡量指標可協助您計算廣告的投資報酬率（ROI）。算出 ROI 後，廣告為商家創造多少價值便一目瞭然。

（三）橫跨所有平台進行比較

根據所有平台（包括裝置、瀏覽器、發佈商、網路平台和實體通路）上的真實用戶進行更有效的衡量。 成效衡量工具也能彙整以上各平台的觀看次數，完整瞭解行銷活動的成效。根據這份資料，調整自己的廣告策略，花在廣告上的每一分錢都發揮最大價值。

廣告選項除了收關成效外，金額是最大考量

某真實廣告結果

廣告名稱	成果（次）	觸及人數（人）	每次成果成本（元）	曝光次數（次）	連結點擊次數（次）	CPC單次連結點擊成本（元）
轉換	22	9,986	59.090909	11,569	57	22.807018
按讚	2	1,382	150	1,599	18	16.666667
互動	10,725	56,513	0.18648	89,940	1,774	1.127396

廣告方式選擇除了成效不一樣之外，成本落差也是很大的，在選擇方面要思考周全才能得到最好的效益。

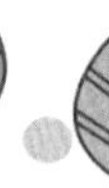

7-4 善用臉書工具——私訊（一）自動回覆

自動訊息回覆目前分出了五大項，也就是當有人私訊時可以自動化回覆訊息。如：一進來的問候語、常見問題、含關鍵字自動回覆，真是越來越聰明了。

一、問候用戶

分即時回覆跟離線自動回覆。除了一進入看見的問候語外，其實很多人比較希望客戶用 LINE 或者是電話等，這時候就能在這二個地方說明，並且給予 ID 聯繫方法。

二、分享資訊

主要是指常被問的問題，另外在分出最常被問的問題，例如：地點、聯絡資料、營業時間。還有含關鍵字的問題自動回覆設定，跟使用主題標籤的訊息。

三、整理訊息

識別尚未回覆的訊息。

四、傳送確認訊息

指的是有一些需要通知「我收到了」的那種訊息。如：已收到應徵資料。

五、持續追蹤

像是預約提醒、有人推薦你的粉絲專頁時，自動傳給他說謝謝、收到負面建議時的回法跟收到正面建議的回法。

我們就來講幾個比較複雜點的「自動化」回覆設定。其他的其實很簡單，像是營業時間，就直接填 W 一～ W 七的時間。

收件匣 > 自動化 > **建立自動訊息**

範本

選擇自動訊息範本或從頭開始。

搜尋範本

所有自動回覆

目標

問候用戶
分享資訊
整理訊息
傳送確認訊息
持續追蹤

問候用戶

即時回覆

在用戶第一次傳送訊息給你時，傳送問候語回覆訊息。

使用中

離線自動回覆訊息

在你離開時回覆訊息。

使用中

分享資訊

常見問題

建議用戶可提問哪些問題，並回覆有用的資訊。

使用中

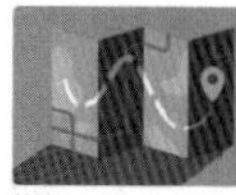

地點

回覆詢問商家地點的訊息。

聯絡資料

回覆詢問聯絡資料的訊息。

營業時間

回覆詢問營業時間的訊息。

自訂關鍵字

回覆含有特定關鍵字的訊息。

留言以傳送訊息

回覆含有特定主題標籤的訊息。

整理訊息

識別未回覆的訊息

找出尚未收到回覆的訊息。

傳送確認訊息

已收到應徵資料

在收到應徵資料時傳送確認訊息。

持續追蹤

預約提醒

在排定預約時間的前 24 小時傳送提醒訊息。

正面意見

回覆含有正面意見的訊息。

負面意見

回覆含有負面意見的訊息。

粉絲專頁獲得推薦

在有人推薦你的粉絲專頁時傳送訊息。

使用中

粉絲專頁未獲推薦

在有人不推薦你的粉絲專頁時傳送訊息。

使用中

Facebook 粉絲團設定中的訊息，已經可以簡單設定回覆用語了。你設好了嗎？

設定回覆訊息時可以新增個人化風格：

1、無法使用電腦或手機時也能提供回覆

每次離開時都讓客戶知道你會很快回覆，並繼續保持回覆率。如：

「謝謝你的訊息。目前並非營業時間，但是我們很快就會回覆你！」

2、向傳送訊息給你粉絲專頁的所有人傳送即時回覆

除了用 Facebook 粉絲團設定中的既定用語，事實上還可以加入連絡電話，LINE@ 或網址，都是非常好的方式。

3、即時回覆是讓其他人知道你很快就會回覆的好方式。

「謝謝你傳送訊息給我們。我們將盡快回覆，與你聯絡。」

4、建立問候語，讓用戶第一次在 Messenger 上開啟與你的對話時就會看到。

「你好！謝謝你聯絡我們。如果有任何問題，請不吝指教」

說聲「嗨！」就是很好的方式。

需要注意的是，當你越能人性化處理訊息，客戶越會當作是再和真人聯繫，這是個好現象。

對你而言是工具，對消費者則是在和人說話

六、常見問題

蒐集常見的問題，用問答的方式填入，還可以加連結跟影音內容。

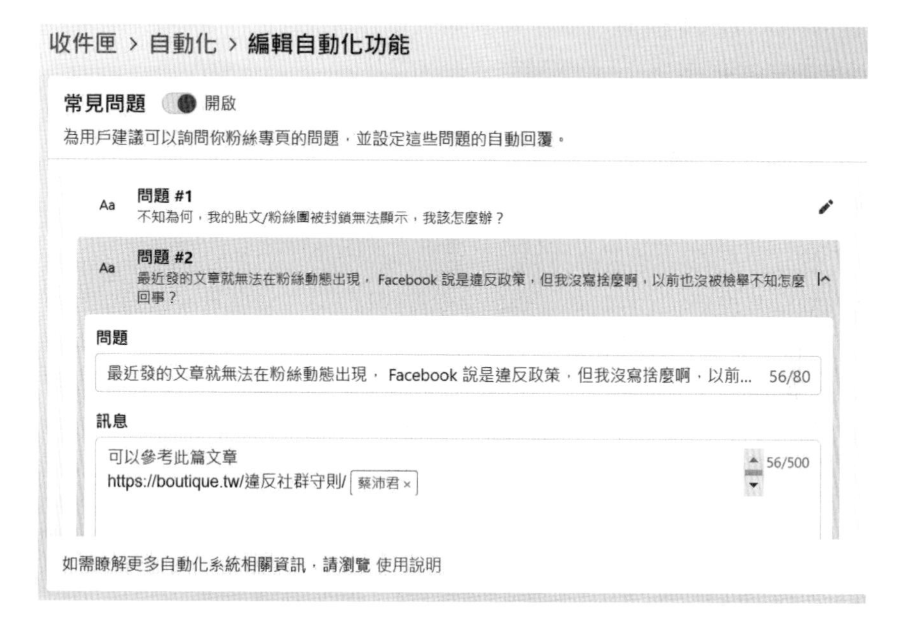

七、自訂關鍵字

用關鍵字回覆問題和預設的常見問題最大的不同是，常見問題是讓使用者自己找問題，用關鍵字回覆問題是我們主動回覆答案。

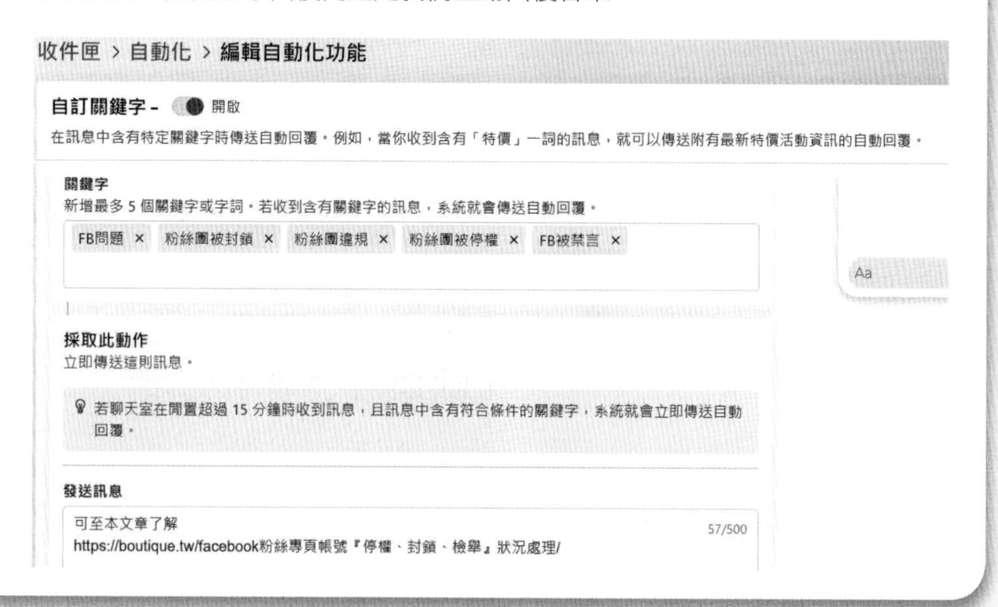

7-5 善用臉書工具——私訊（二）預約

在私訊中有一個預約的功能，非常實用。除了有預約需求的 O2O 店家方便，其實，販售商品、電商、提供服務都是很好用的。

我們以 O2O 的商家使用為例，Facebook 私訊的預約功能，除了可以當場預約時間還可以設定到時前提醒。

建立預約的位置在私訊對話下面，所以可以隨時在對話的時候直接就做預約的動作。

另外，預約的部分也會出現在行事曆裡面，所以很好管理。

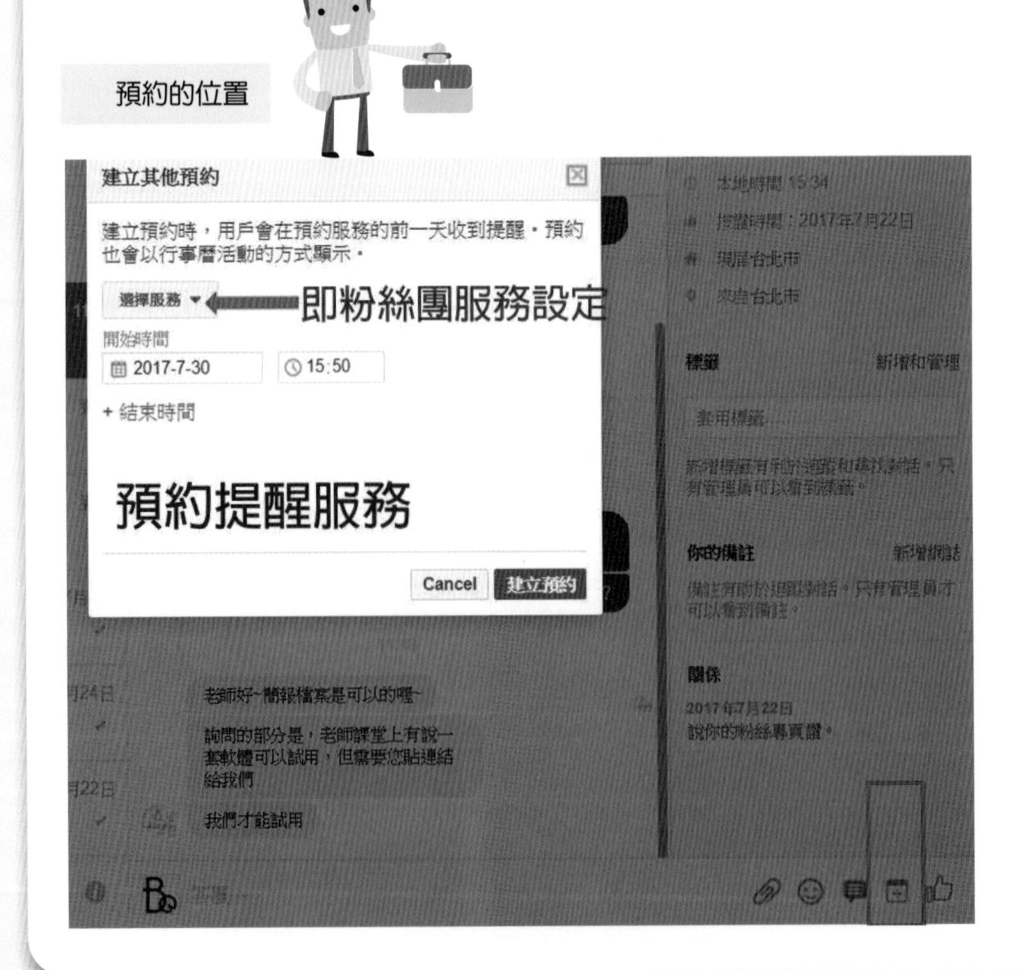

確認預約後會出現在私訊中，雙方都會看見。

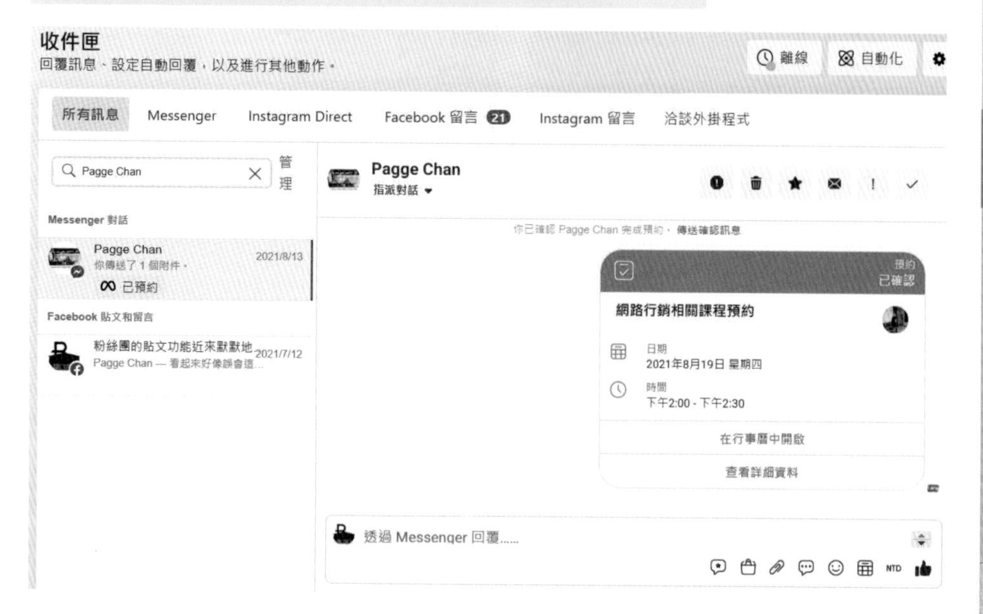

可以在Facebook的行事曆中統一管理所有的預約。

7-6 善用臉書工具——口碑行銷的利器是客服（一）

內容行銷在這一年來變得很火紅，大家都知道粉絲團不能只看按讚數，而是應該要看臉書貼文的觸及率和互動數了。想要有高觸及率和互動數就需要懂得怎麼做出吸引人的圖片和高觸及率的貼文，這二者可以說是最基本的內容行銷。

粉絲團想要做到高觸及率其實簡單可以歸納三點，也可以算是粉絲團經營的步驟：

一、先做出優質流量

現在所有的資訊包括我自己都說過，不應該只追求流量。但是只有幾百個人的粉絲團想要做事業，想要用粉絲團賺錢根本就是不可能的事！

沒有流量沒有曝光！

看看每次幫你按讚的人是不是都認識，單靠友情跟同情是賺不了多久的。更糟糕的是若這些親朋好友並不是你商品真正的受眾，很多人會陷在這小小的甜頭中捨不得放下。那麼永遠都不會做出正確的內容，也不會出現優質的流量。

二、話題著力點

有話題最好炒作，若沒有話題可以想辦法沾上邊也可以自己製造。一般的廣告公司都是這樣子做出廣告的。

有話題才會有延續性，才能吸引有興趣的人駐足，才能再繼續一波波的高潮。這個話題可以是商品特色，也可以是跟商品有關聯的時事議題。重點是要讓這個著力點成為整個粉絲團的特色，有個性、有特色的粉絲團自然容易引起興趣。

三、有溫度有認同

在 Facebook 說話是有情緒、有想法就會有回應的地方，只可惜大部分的人寫貼文就像在寫公司的公佈欄，這當然不會有回應，那麼請想想應該用什麼形式的寫法呢？別忘了 FB 終究是個平台，粉絲團是一個讓你和同溫層溝通的工具。

小編OS

在無法和消費者直接面對面溝通的網路上，唯獨客服是真的和消費者有接觸的機會。所有的語氣和用詞都要特別注意，不要用制式像機器人的對話方式回應，不然就浪費了這珍貴的機會。

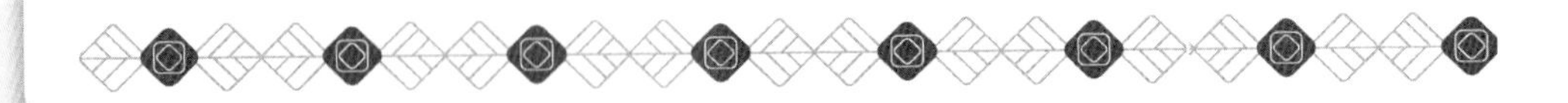

怎樣做到有效的曝光、有效的互動

客服是最好的口碑行銷

操作▼

查看個人檔案

11:11

所以現在無法回覆
要正常上班後？

克服是最好的口碑行銷
善用訊息及自動回覆機制

謝謝你傳送訊息給我們。
請於上班時間電聯02-29603456轉7277、7274可以給你正確的答案

好，要周三嗎

7-7 善用臉書工具——口碑行銷的利器是客服（二）

客服是第一線的直接面對客戶，做出好的客服就會讓客戶留下好印象，進而延伸出好口碑。所以訊息的設定不可不重視。

一開始其實大家都差不多，大約就是設：「謝謝你傳送訊息給我們，我們將盡快回覆與你聯絡。」類似這樣的。然後，你就會開始遇到很多奇怪的狀況。如：

1. 問候你好，或請問，一看到聊天機器人問候出現就沒下文。

　　這是最多的狀況，這時你可以留下一定有真人隨時回覆的時間，或連絡電話，再不然就學我這樣了。

2. 攀關係想聊天，奇怪的私訊中這種最多，不需要動怒其實這代表你客服還做的不錯喔。
3. 詢問沒賣的商品，不要懷疑很多粉絲團都遇過，不過通常跟他說沒賣然後馬上無縫接著介紹其他商品就沒事了。
4. 想要折扣，沒有就沒有應付不好就給你一顆星。通常老闆會因此給客服一些折扣權限，這方式我非常不贊成，因為這樣做的下場是養出更多的奧客而已。若客戶真的很難應付消費力又不高，所幸 Facebook 有封鎖機制，封鎖他讓他以後搜尋不到就是了。
5. 非本公司消費商品的客訴，只要你做過客服你就會相信，以上我提出的都是客服常遇到的鳥事。若解釋不聽不需要糾纏，請他打去消基會投訴，我都還會好心的附上電話及上班時間。放心，保證沒你的事。

和人面對面說話應該是怎樣的在這裡應該也要一樣，甚至應該更有起伏。畢竟不是真的面對面也看不到表情那就更應該注意給人的感受。有了認同就會有鐵粉跟隨，你才能用粉絲團經營你的事業。

小編OS

近來似乎服務業的尊嚴開始抬頭了，許多的奧客不再因為聲量大就贏。在你的粉絲團好好解釋回應，現在大多數粉絲反而會站在店家這邊予以鼓勵，這就是經營粉絲團最好的收穫了。

客服是創造口碑行銷最直接的利器

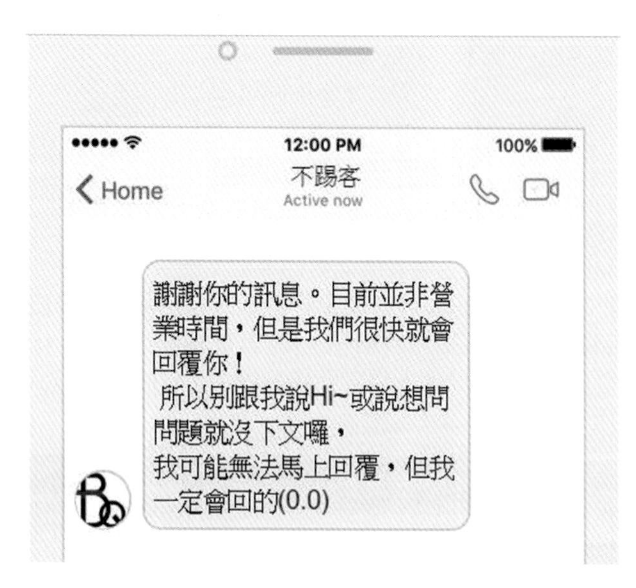

客服代表的就是公司

查看個人檔案

操作

小姐!除了加入會員95折，還可以再更低嗎?

現在剛好有活動，在結帳頁面輸入npm711，就有9折優惠唷~

可是我認識你們老闆耶，不能8折嗎?

輸入中。。。

我還跟隆哥認識耶，這也要跟你說？   

7-8 善用臉書工具──直播

在粉絲團貼文中影片的觸及率最高，而在影片的類別中又以直播的效益最高。

一、直播應該準備哪些東西

1. 若你有很懂電腦的人可以問，建議你串接 OBS，有非常多的功能可以運用，也相對穩定許多。
2. 若沒有也沒關係，就像圖上的，使用手機直播也行。

這是從台灣第一網紅 IG 截下的直播者所面對的機器貼圖。

數數看你需要什麼：(1) 手機直播；(2) 小平板看效果及粉絲留言；(3) 左右各一台筆電是直播內容資料；(4) 直播內容講稿；(5) 其他補助小道具；(6) 紙筆記錄要回的留言（有時問題會因為很多人留言而被洗掉）；(7) 背後大光環，最重要的蘋果光。

直播工具

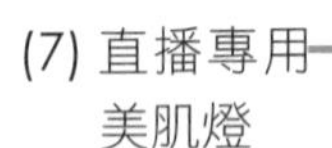

現在 Facebook 上直播真的很多，有發現嗎？好多像夜市叫賣的直播，這是你要的效果嗎？所有形式的貼文，包括直播都一樣。你要做的是內容行銷，你想要的是什麼樣的消費者，你就做什麼形式的直播。

二、有了內容後要怎麼把直播做起來？

1. **預告**：這是很重要的步驟，你沒有那麼多崇拜者閒閒的等你突然冒出來。
2. **散播**：在直播前的預告或者直播時，加入吸引人的要素，讓看到貼文的人不但願意收看，還會幫你揪人一起來看。在初期這比你做『曝光』來的更有效果。
3. **定時定量**：所有的粉絲團貼文訊息都一樣，想要穩定的成長一定要做到。至於直播也別只做一次二次，至少一次要做一輪，這一輪要做多久？要看你的粉絲，觀察洞察報告。一開始可以先抓一週一次做一個月評估試試。

三、直播穩定後如何增加群眾？

1. **內容**：這是我不斷強調的，靠實質的好內容留下群眾，遠比靠虛華的贈品折扣來的長久。
2. **曝光**：這一招在經營一段時間有基礎後在開始，這樣才能真正留下人而不會都是路過而已，曝光有很多種最簡單的是下廣告。
3. **意外**：直播最珍貴的是不經意的效果，不然錄影片就好了不是。

其他要注意的是：放音樂是對的，但小聲點，注意你的咬字要讓人聽得懂即可。

粉絲團直播後台

7-9 善用臉書工具——直播外掛OBS

FB 直播串流 OBS 超簡單的。串流 OBS 有什麼好處？

1. 可以多畫面同步播放；2. 可以上文字；3. 可以貼圖 LOGO 或結帳 QRcode 之類。

我們要介紹的是 OBS 串接及使用，所以只需要看後台中間的串流金鑰。

一、OBS 下載畫面

使用 OBS 必需先下載安裝在電腦上。請先到：https://obsproject.com/

安裝好後打開直接就是繁體中文了，不用再設定，現在只需串接 FB 金鑰，就是把 FB 串接金鑰那串碼貼過來，就能用了。

二、OBS 操作介面

到右圖的畫面後，我們來介紹幾個好用的功能。

1. 串流

除了可以串 Facebook 直播外，還有 YouTube、Twitter、……等。要先到平台上複製串流金鑰來貼，按確定 → 開始串流後就會自動串起來了。

2. 設定在畫面上顯示的內容

到下方「來源」處，按加＋。裡面有很多可以選擇，我們就圖片、文字及頁面介紹最普遍三種：

(1) 圖片：可以放補充內容圖片，不過一般我都鼓勵大家放線上金流 QRcode，直接讓消費者結帳。在這邊，要放幾張照片都行喔，不過圖只能按比例縮放，所以最好事先剪裁好。

(2) 文字：一樣的位置，可以放文字。不過別自找麻煩想同步放旁白。文字可以設定字體／大小／顏色／背景／透明度。中文字在字體的最下方。

(3) 直播畫面預覽：在這個畫面上看到的一共置入三樣內容：要直播的網頁／圖片／文字。要直播的網頁是來源上的顯示器擷取。一般看到的直播則是來源上的視訊擷取裝置，這就是連到攝影鏡頭上的。

若有想要使用直播，安裝 OBS 在使用上是會讓 FB 直播變得更方便的。

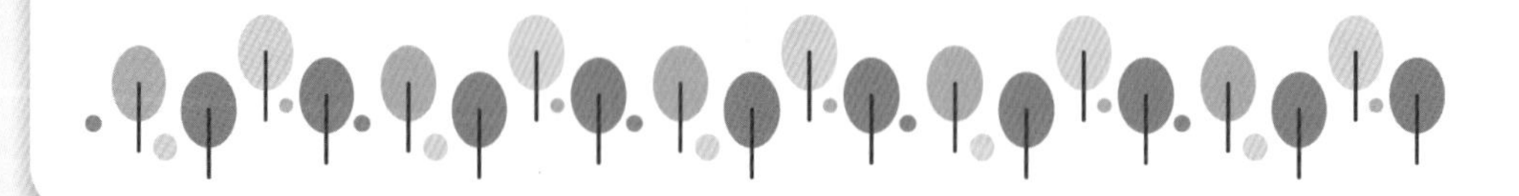

OBS
Open Broadcaster Software®
Home
Download
Blog
Help
Forum
Contribute
OBS Studio
Latest Release 27.2.4 - March 29th
Windows
macOS 10.13+
Linux
Free and open source software for video recording and live streaming.

OBS 操作介面

OBS 25.0.1 (64-bit, windows) - 設定檔: 無標題 - 場景: 無標題

OBS 25.0.1 (64-bit, windows) - 設定檔: 無標題 - 場景: 無標題

Date ______/______/______

第八章
有效的活動

8-1 辦活動前，要先做好的事

一般的 Facebook 粉絲團已經開始出現辦活動沒效益的窘境了。的確，粉絲團的操作已經不像以前那麼容易；相對的，需要開始用心調整才能發揮成效。

一、辦活動前要先做好的事

大家都知道，粉絲團辦活動是可以很明顯、快速，達到理想成效的好方法。然而現在許多粉絲團辦活動，一點人氣都沒有。為什麼會這樣呢？

最近遇到一個案例讓我開始反省。發現大部分的人在不知道要怎麼發文時，乾脆就是寫一些勵志文，覺得這是最保險的做法。（到底跟誰學的？）殊不知這一池的水，都被你養死了。

開粉絲團的目的究竟是什麼呢？人家說粉絲團可以當作你的官網來運作，為什麼會做不到呢？其實答案就是，人與人之間沒有互動，就沒有情誼。現實生活如此，網路世界亦是如此。請記住！網路只是一個平台、一個工具。

所以經營粉絲團最重要的就是和粉絲互動，有良好的互動，就有良好的曝光，也就會形成群體（社群），而小編才能變成團長，一呼百諾。（這就是重點啦！一呼百諾，才能達成目標）這樣辦活動才會有人理，而且辦得熱鬧。

二、如何做到良好的互動

基本上，想要有好的互動，需要做到幾點：

1. 有照片比沒照片互動多 120%。
2. 文字簡短有重點，吸引人，機智詼諧。
3. 擅用問句，有鼓勵互動。
4. 產生共鳴。

在粉絲有興趣、會互動、會分享之後，接下來辦活動就會有成效，才能像傳說中的翻倍成長。所以，順序千萬別弄錯了喔！

小編OS

經營粉絲團就是要能「以萬變應不變」。初期的勵志文被用爛了，就換；心理測驗沒效果了，就別玩。千萬別抓著老舊方法不放！

有效的活動

小編OS

活動熱潮只是一時的，所以「針對目的」使用，理性的設計而非亂玩。沒有目的，寧願好好思考如何運用行銷發揮商品的效益，增加商品的價值，這樣的淨利，遠比辦活動來得多又久。

接下來介紹的活動方式，重點是了解原因，才能製造出驚人的效果，並不是做和別人一樣的事，就妄想和別人一樣成功！

8-2 威力彩法則

現在還有人在 Facebook 粉絲團辦抽獎活動嗎？很少看到了吧！主要是因為成效不好，後續的延續性也差，加上粉絲團抽獎蟑螂橫行，辦活動也就越來越不易了。目前若能掌握住幾個技巧，粉絲團辦抽獎活動還不是難事。不過，真正的重點是辦活動的目的，不要只是看活動期間的成績，重點是要有延續性，這樣辦活動忙半天才有意義。

想要把活動辦得熱鬧、有人參與，第一個要考慮的是你的抽獎獎品是什麼，不夠厲害沒人理，但是要吸引人又得砸大錢。所以，獎品的布局是很重要的，要有人氣又不要讓抽獎蟑螂得逞，是有一些需要注意的地方。

一、威力彩法則

想想看，我們常看到新聞說：本期威力彩第一獎上看多少億。不過有看過新聞報第二獎、第三獎的嗎？能上新聞的威力彩報導，一向都是驚人的數字，從每次的相關新聞就很明顯的知道，一般大眾只在意第一獎，其他的根本沒在看。所以，在獎項的布局上，只須把第一獎做得很誘人，其他獎項是陪襯，不需要花太多成本跟心思。

二、送需求不送熱門

另外，討人厭的抽獎蟑螂怎麼辦呢？送需求不是送熱門！

你一定會覺得，送最新的 iPhone 一定最多人來參加抽獎，其實，有人統計過，網路上抽獎最多人參與的是 7-11 禮券。而你的消費者最喜歡或最受用的會是什麼呢？最好是他們覺得是寶，而不是你的粉絲的人覺得是草，這樣最好啦！不相關的人也就不會來參加，有興趣的人即便不是粉絲，也會因此變粉絲了。

至於什麼是最好的宣傳？很優惠的折扣活動？很精美的影音製作？精彩的故事傳奇？強力曝光？我們學了那麼多的工具及技巧，努力的磨練實力，究竟什麼樣的模式是最有效的。曾聽一位前輩被客戶問到，「要貼什麼文互動才會高？要賣什麼東西才賣得動？要怎麼賣東西客戶才會買？」答案只有一個，就是「鬼才知道」。只要相信自己好的核心價值，良善的初心，沒人可以幫你，因為商業是理性的，做到所有該做的，成功就會離你越來越近。

行銷案子接觸多了之後，就會發現一件事，在做行銷策略宣傳之前，我們都必須先處理一件事，就是產品本質的問題。我並不是說看到產品有瑕疵，而是在追求如何包裝、如何宣傳前，請問：你的產品定位找到了嗎？你知道產品吸引人的價值在哪裡嗎？很多時候，產品本質就是最好的宣傳，其他都只是錦上添花罷了。調整好你的商品，一次一樣專注的和你的消費者對話，消費者才能給你相對的專注與回應。其他，用什麼方式行銷、用什麼策略宣傳，都一定可以水到渠成。

靈活運用工具，不要被工具綁架

抽獎

行銷策略──只看第一獎是人性
活用你的操控權

小編OS

開始發明一些專門用語，除了讓大家更容易記憶外，主要也是希望大家能發現原創的好處，即使只是個簡單的用詞，能發揮的效應也可以是很大的，這一點在社群中的影響力尤其明顯、好用。

8-3 啤酒法則

網路行銷辦活動最害怕的，就是大品牌在你旁邊做活動怎麼辦？比如你在Yahoo 平台開店，當人家如火如荼的要做週年慶，除了下殺五折還要送點數、贈品外加免運，你怎麼算都是會賠上一整年，可是，不跟著做更慘，業績全被搶走，這時要怎麼辦？

先說個案例。一個本土大廠的啤酒，請了很有名的女明星代言，結果消費者去買啤酒時，隔壁新推出品牌的啤酒在送保冷袋，結果本來為了廣告來的消費者，因為沒有優惠活動而改買隔壁的保冷袋啤酒。

這給了我一個很好的想法，不知你是否有得到啟發。一般商家若遇到自家附近在辦活動，如新光三越週年慶，大多覺得客戶要被搶走了，事實上應該高興才是。他們辦得越好，代表這條街上的流量會暴增，這時候你應該想的是，如何承接這些天上掉下來的現成流量。

以前在實體門市時，我們會事先去打聽新光三越做活動的時間和活動內容，目的是評估這時間內的流量有多少。這時，我們也會辦自己的活動，但不是和大百貨公司競爭，而是要承接現成的流量，所以，我們做活動的目的是：

一、利用現成的流量曝光

打知名度。如在四周發 DM、打廣告、辦活動（如快閃）。

二、導流量回自己的門市

不需要自己花力氣創造流量，而是去承接別人的流量最輕鬆。辦自己有特色的活動，做差異化，這時來湊熱鬧逛街的人，就會順便來逛逛。每年我們因為隔壁的大型活動沾了不少光，這時的業績的確比平時好很多。

那麼話題再拉回來，若 Yahoo 購物平台在辦週年慶，為了不賠本而不參加。這時，整個 Yahoo 購物平台流量最大的頁面在哪？就是辦週年慶活動放活動 banner 的那一頁。這時，我會和客戶討論如何做有效的曝光。或許是個很有特色的贈品，也或許是一個很吸引人的商品，然後，在他們的週年慶活動放活動 banner 那一頁下方買廣告。經過測試，這時候的廣告效益，比起平時的轉換率可以多上好幾倍，是不是和啤酒的案例原理一樣？

辦活動最怕的就是沒有目的，因為別人有辦，所以我就得辦，因為是節日，所以要辦活動，這一類的活動勞民傷財，就算有績效也無法延續。辦活動和平時其實都一樣，最重要的關鍵是「如何做出差異化」。如此，才不需要在一片紅海中和其他人一起殺個你死我活。

哪一個是有效的活動

贈品

行銷策略──在敵人旁邊送保冷袋
商城辦週年慶不一定要跟，但一定要跟著曝光

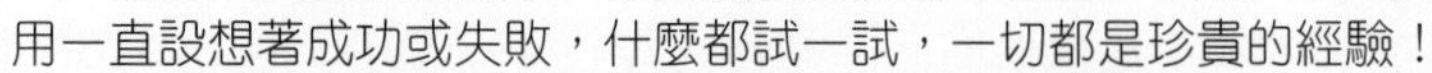

小編OS

這是一個聽來的故事，沒想到真的實行出效益。所以，所有的事都一樣，不用一直設想著成功或失敗，什麼都試一試，一切都是珍貴的經驗！

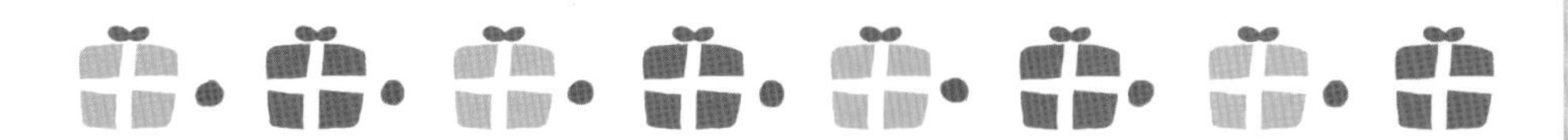

8-4 會賺錢的折扣法則

現在大家打折扣戰，不外乎就是去進材質不太好、特別便宜但看起來不錯的商品，抬高價錢後再下殺。也有傻傻的商家真的拿自家商品來犧牲打，然後很快就收攤領便當去了。折扣戰亂殺的玩法，不但重傷商家，連消費者也買不到好東西，惡性循環的結果，只是讓市場積弱萎縮而已。

想當年，我們老闆會下這種狠招，完全是因為要對付可惡的仿冒品。當時，公司的商品開始小有名氣了，也開始有一些雜誌會來採訪，接下來就開始出現仿冒的地攤貨。公司一開始也都是循正常管道去告這些仿冒品，問題是路邊攤難抓，就算要舉證也無法循線找到工廠。對一個生意繁忙的大公司而言，哪有空閒時間去跑法院，還得要自己舉證。在說明操作方法之前，我必須先跟大家釐清，對商家而言商品的定位有哪幾種。

一、長銷品：就是業績平平也不出色，但也不差的商品，最大的特色就是有固定的需求，但卻也不亮眼的產品，即使辦活動也不會大受歡迎的商品。基本上這些商品才是真正維持公司營運成本的支柱，不要讓它太搶眼，以免引來競爭者搶單，也不需要花心力，有固定細水長流的績效便可。

二、暢銷品：這是一種一看到就知道它會賣很好的亮眼商品，會帶來很好的業績，好好操作，年終分紅就靠它。不過商品都是有週期性的，行銷人員就是要想辦法讓這類商品在週期內發揮最大效益，不但要賣得好，還要能提攜其他商品，尤其是下一檔暢銷品。所以，辦活動、想點子這些心力，都是用在這些商品上。

三、過季品：其實也就是幾近停滯不動的商品，大多數的商家都是拿這些商品來當贈品或打折辦活動，然後成效不好。事實上，它還是有操作方法的，比如改變商品價值。

辦活動我們會使用暢銷品。原因是：1. 夠吸引人、2. 有生命週期。那麼要打折該怎麼估算呢？其實在看商品樣本時，就會約略評估操作方式了。前面不是說會下殺到五折以下，那麼一開始在定價上的成本預估，則是最多要在這批貨售出 1/3 時回本。這數字是預估商品的銷售力能在 1~2 個月內售出 1/3，原因是過了這時間，大約仿冒品就要出現了。

所以，當仿冒品開始出現時，1,000 元商品賣 599 元，那麼我們開始打 499 元。他賣 489 元我們打 399 元；他賣 299 元我們打 199 元，「然後他就死掉了」。所以我們從頭到尾沒有賠本賣，更不會去找品質差的商品。還有一個問題，消費者開始等折扣怎麼辦？抱歉！我們賣完就斷貨。之後你在市面上買的絕對是仿冒品。若要再狠一點，下一批是進階 2.0。

「天下武功，無堅不摧，唯快不破！」辦活動、辦宣傳所有的行銷手法，最重要的就是要比別人快，搶得先機，一切好辦。

摹仿可以，但不要只學表面

折扣

行銷策略——先賺回成本再玩品牌力的好處

1折
Up to 90% off
開倉
大量影音、家電、傢俬、家品
低於成本價發售！

小編OS

每次講到這一招時，臺下都是一片目瞪口呆。我猜大家是否覺得被騙得很慘呢？所以，成功的方式不是沒有原因的，但是失敗的結果絕對是從不探究原因，只會盲從，千萬別創業！

8-5 滿千送百回購法則

網路上辦活動的 COUPON 券有使用過嗎？覺得滿千送百和打九折有什麼不同？雖然都是網路行銷手法，直接打九折和滿千送百意思不是一樣，為什麼要很費工的用折價券做滿千送百這種活動？其實說破了，都是網路行銷手法，重點還是那句話，不要為了辦活動而辦活動，既然要辦活動，就要有其目的。

首先，先來說說，滿千送百和打九折不同的地方。

一、打九折

折扣對消費者來說是最直接的感受，尤其是當進入商品頁或購物車看到原價多少，折扣後有多少落差，就是一整個有感呀！而對執行活動的工作者而言，在處理的流程上也是最簡單方便的。

二、滿千送百

就是有限定價格的折扣，而且若是買 1,500 元打 9 折，和折 100 元價格是不一樣的喔！不過，對商家而言，既然要做活動，重點便是看最後的成效，而不是介意那落差的幾塊錢。那麼，滿千送百的目的是什麼？其實是為了讓消費者再來第二次。

設計出這種有延續性的活動，當年我們的目的是為了將整年度最重要、最大檔的活動熱潮，延續到下一個活動，或是為了曝光下一檔重要商品。

通常，一整年度最大檔的活動不用多說，一定是人潮與曝光最多的。不過，若活動是像耶誕節和農曆過年相差不到一個月時，該拆成二個活動、還是結合成一個長活動？有辦活動經驗的人都知道，若活動辦太長，中間時段會跟平時的業績沒兩樣，這時，利用折價券幫下一波活動做宣傳準備，是最好的了。

折價券活動的目的就是讓消費者再「回購」，這種方式除了是在延長活動熱潮，也是在增強消費者的黏著度。另外，也是對消費者忠誠度的一種篩選。這是以前老闆說的，他認為某些活動優惠是要回饋給我們真正的消費者，而不是過路客。

直接打折就像是在吸引活動蟑螂，只有打折才要來，平時不會出現消費。而使用折價券必須要來第二次，一般過路客對我們商品沒興趣的，就不會再出現。當然，若是再出現，必定是開始對我們的商品有興趣了，這樣的消費者才值得培養。

當然，這裡並不是說使用折價券比打折好，畢竟折扣是最直接有感，自然有其優勢。所以，還真的是那句老話，不要為了辦活動而辦活動，評估好辦活動的目的，依照需要去設計活動的形式，才有意義。

打折好，還是送折價券好？

滿千送百

行銷策略——不做一次性消費
利用回購讓消費者加深購買習慣

小編OS

所有的方法都是為了解決困難而產生，就像是紅配綠，我們就沒有講到，因為這是屈臣氏發明的，而我們公司並不會遇到像他們一樣的困難，所以我們從未用過這一招。

8-6 失敗的活動案例分享

對於許多令人佩服的職人「同樣的事做久了，就會變成專家」，其實還滿讓人欽羨的。在網路行銷這一行，想要同樣的事做久了變成專家，哪有可能。其實我要說的是一個好玩的案例。

同樣的活動，一模一樣的文案，一模一樣的遊戲規則，只改了時間，而且，這一年玩第四次了，結果是……。

這樣的數字很明顯，不需要多做解釋，但是，為什麼很多的經營者會犯這種錯誤呢？其實答案很簡單，就是從來不看數字、不做檢討。做活動的流程，除了事前的規劃，事實上，事後的檢討更為重要！

在第二次活動做出效果後，其實大多數的經營者都是一樣，會沉溺在成功的甜美中，而忽略了第三次的往下降，第四次已經做得比第一次差了。

這是一個粉絲數 600 多人的專頁，當初做了一年多，一直在 200 人上不去，經營者在決定做活動後，粉絲數明顯攀升，但是人客啊！難道要等到沒人按讚分享，才要驚覺事情大條了嗎？

在變化速度快的網路世界裡，想以不變應萬變的下場，就是死在沙灘上啊！

小編OS

摘自 Facebook 官方說明：關於活用型創意

活用型廣告創意是 Power Editor 和新版廣告管理員（僅限快速建立流程）中的工具，可自動投遞由你的創意素材建立出的最佳組合。這項工具會使用廣告的各種元件（圖像、影片、標題、說明及 CTA 等），向受眾顯示不同素材所組成的廣告版本，藉此找出成效最佳的廣告創意組合。

運作方式

活用型廣告創意採用基本的 Facebook 廣告元件，並會自動據此探索一系列的廣告版本。我們的系統會根據每一次的廣告曝光，整合能取得最佳成果的創意元件，確保受眾能看見成效最出色的廣告創意。

檢視廣告創意成效

如果使用活用型創意，您需要了解哪項廣告創意的成效最好，可帶來最多成果。

活動案例

按讚分享＋留言，即可抽獎。贈品為 360g 商品 2 組

第一次——心情好？：活動時間 11 月

674	158
觸及人數 338% 高於平均值	貼文點擊次數

查看洞察報告　加強推廣貼文

第二次——農曆年：活動時間 2 月

5K	1.2K
觸及人數 999+% 高於平均值	貼文點擊次數

查看洞察報告　加強推廣貼文

第三次——情人節：活動時間 3 月

902	287
觸及人數 486% 高於平均值	貼文點擊次數

查看洞察報告　加強推廣貼文

第四次——父親節：活動時間 8 月

592	114
觸及人數 284% 高於平均值	貼文點擊次數

查看洞察報告　加強推廣貼文

Date _____/_____/_____

第九章
尋找社群的定位

9-1 什麼是品牌

一個品牌的生成最快也要 3~5 年。請相信這個事實，品牌經營沒有速成，品牌行銷就是要一步一腳印，絕對不可能投機取巧而做到。

品牌是企業給人的普世價值，這絕不是請人設計一套 CIS（企業識別設計）或是寫關於我們的公司願景。品牌精神是一群人由上到下共同努力所展現的價值，而品牌行銷是幫你修正策略，並且達到對社會的影響力。要生存、要發展品牌行銷終究是非做不可的課題，而在開始之前，必須先建立正確的品牌觀念。

一、品牌是長遠的利

大部分老闆都說要做品牌，實際上想的還是下個月訂單在哪裡？當爭取訂單與搞品牌在拉扯時，往往是優先爭取訂單資源，而品牌就成了看看再說。畢竟做品牌要看到效益，需要長久經營才看得出成效。然而，如果沒有開始、沒有持續投入資源，三天打魚、兩天曬網，品牌永遠都在原地踏步，自然看不到品牌效益出現。

二、品牌的建構有一定的難度

我記得有一位企業主曾經跟我說過，想要做出像松下幸之助那樣的企業品牌。首先，你不會是松下幸之助，品牌有願景也要能做得到。更重要的是，要有差異性，和任何人都不一樣才能顯現出自己的價值。品牌經營要有效管理，要有清晰的定位與流程，不是看見別人好就要改變做法。執行的策略要堅持到底、穩紮穩打，才會有成果。

三、品牌需要高層的身體力行

品牌是企業最重要的資產，不是請一群人來規劃執行就會成功。在組織內部缺乏對品牌的認識與實踐品牌經營，是不可能會成功的。品牌需要最高層的重視，搭配公司策略彼此互補，才能有效提升業務。

多數傳統老闆對於品牌的認知，其實只在於讓很多人聽過他的牌子，就覺得有做到品牌了。品牌的經營不僅是下廣告博取版面，有時也須透過活動企劃、贊助，進而讓原本不買你的產品、甚至討厭你的消費者對你改觀，當他們先認同了活動想論述的價值，就會自動認同你的品牌。

小編OS

品牌除了知名度外，還包括忠誠度與品牌聯想。好的品牌可以幫你降低找新消費者的行銷成本，讓你輕易觸及消費者回頭找你，甚至有購物需求時先想到你。對內部而言，一個具備願景的品牌，能凝聚內部共識，讓團隊流動率降低，執行力也會因為目標一致而提升。

尋找只屬於你的社群定位

什麼是品牌？

9-2 什麼是品牌精神

品牌的經營會越來越重要，因為網路訊息更迭太快、太豐富，產品生命週期越來越短，競爭更激烈，想在市場上脫穎而出，一直把資源砸在新產品開發上將永無寧日，需要配搭正確的品牌經營策略，才能真正幫助企業面對競爭時，能延長產品生命週期，協助跨入不同產業時有較低的風險。

臺灣大多數企業主無法做好品牌的主要原因是，單單將心力放在產品及內部的人事上，就已經沒有其他的餘力了。我只能說，請重視專業、留住好人才，公司才有可能永續發展。

經營 Facebook 粉絲團貼文應該用什麼內容？事實上，這就牽扯到「品牌行銷」這個議題。最近發現有不少粉絲團為了追求高觸及、高互動，會針對反應好、數據高的貼文模式去延伸其他同類型的貼文，而且樂此不疲。小心！當你對數據上癮，就開始失去了原本經營粉絲團的目標。同樣一件事傳達的角度不同，所得結果不同。那是因為你想讓受眾看到什麼，有什麼感覺。

首先，請先思考什麼是品牌？一個品牌是由消費者在多年的使用中所體驗的感受積累而成。不過，對經營者而言，品牌應該是理想、目標，想要給予消費者的感受與體驗。所以，發你應該要發的貼文，而這類貼文觸及不如轉發分享有趣的內容好，這是很正常的啊！

・不要迷失在美好的數據中

經營 Facebook 粉絲團的目的絕對不是要討好你的粉絲。很清楚的讓人知道你想要表達什麼，再去運用各種你所看、所學、所有想到的方式去說服你的粉絲，這個過程數據僅供參考。

很多老闆為了監控成效，總是會提出到達的實際目標，以前是粉絲數，現在是貼文觸及數、互動數。但是，就像以前追求粉絲數所產生的殭粉慘案一樣，若你現在只追求貼文觸及數、互動數，最後絕對又是一整個歪樓，然後離設立粉絲團的目的越來越遙遠。

小編OS

從這裡看來，似乎應該先了解品牌，再開始經營粉絲團。其實，不用太擔心，要怎麼做品牌，不會想了就出現，邊做邊調整才是上策！

什麼是品牌？

什麼是品牌？

對你而言品牌是
你的理想／你的目標
你想要給予消費者的感受與體驗

什麼是品牌精神？
做你喜歡的事
做你專長的事
做你做得到的事

9-3 利用社群打造品牌

一、粉絲團封面常更換

只要有人一進到你的 Facebook 粉絲專頁，一定會先看到大頭照和封面。因此，Facebook 粉絲團封面相片（影片）有什麼樣的效益？對於擁有粉絲專頁的人不可不知。封面可以傳達的宣傳效果非常多，只要不觸犯 Facebook 的規定：「所有封面皆不得包含虛假、誤導或侵害他人版權的內容。您不得鼓勵他人上傳您的封面相片到他們個人的動態時報」。可以有非常多的行銷角度做傳達，例如：1. 宣傳品牌、2. 活動推廣、3. 推薦產品、4. 展現專業、5. 傳達理念。

二、貼文內容符合精神

品牌行銷是使客戶對企業品牌和產品識別的過程，顧客對你的第一印象取決於品牌行銷的成效，品牌行銷注重的是，如何讓自己的品牌從眾多選擇中產生差異化。不同的客群有不同的觀點，有些注重能見度、有些注重品質，就像是一些國際精品，都會喜歡強調純手工細心精緻，所以影片呈現的，就一定是會讓你看了感動，延伸到商品的心動，這就是品牌為商品延伸的附加價值。而這份價值必須要有一致性與延續性，才不會讓消費者有遺忘的機會。品牌類型的貼文要能延續，並且符合品牌本身的精神、強調品牌形象，記得三不五時利用不同的貼文強調同樣的概念。

三、什麼是品牌指標提升？（摘自 Facebook 官方說明：品牌指標提升）

1. 品牌指標提升研究讓您了解您的品牌行銷活動是否成功引起用戶共鳴

衡量品牌成果。

針對符合資格的行銷活動提供免費服務，但無法保證市調結果及成效分析正確無誤。

品牌指標提升研究必須由 Facebook 業務代表建立。

2. 品牌指標提升研究的好處

Facebook 品牌指標提升研究可協助您了解廣告如何影響重要的衡量指標，例如：廣告回想、品牌知名度及訊息關聯性。這些衡量指標能讓您知道用戶對於貴品牌的真實感受。用戶是否注意到貴品牌？他們是否記住貴品牌？是否想向您購買產品或服務？

Facebook 品牌提升方案採用最高標準的實驗設計，來衡量刊登品牌行銷廣告的效果。我們嚴謹的衡量方法提供更具實質意義的市調結果，有助於衡量行銷活動成效。您可以接著根據這些結果來提升行銷活動成效，以確保行銷活動發揮最大效用。

利用社群打造品牌

粉絲團封面常更換

https://www.canva.com/

貼文內容符合精神

CHANEL 香奈兒
1月30日 ·

香奈兒2017春夏高級訂製服幕後製作過程

CHANEL
HAUTE COUTURE | PRINTEMPS-ÉTÉ 2017
"LE SAVOIR-FAIRE"

（截取自CHANEL官方臉書）

9-4 傳達意念的角度取決於面對事情的態度（一）

同樣一件事傳達的角度不同，所以結果不同，那是因為你想讓受眾看到什麼，有什麼感覺。

・你經營的是人

就像人與人的相處不應該計較誰付出的比較多一樣，你在粉絲團是在經營人際關係，不應該是經營數字，寫貼文也不應該是看一篇、二篇。設定目標後做好布局、預定時程，有必要中間做修正，看最後的結果即可。

貼文內容應該要傳達的是：「你想要給予消費者的感受與體驗」。用什麼形式、用什麼主題，只要能完整表達消費者能接收的都好。

我們以三篇同樣是寫弱勢的貼文為例來思考。

一、目的：引發情緒——增加關注度＝增加銷售量

對於弱勢議題撩撥大眾的情緒是最容易達到目的的，所以整個事件發生的階段，揀選最容易引起同情的部分，也就最容易達到目的。

二、目的：傳達正向——正面思考＝世界更美好

承上，若揀選最容易引起同情的階段，也就最容易募到捐髓者。那麼以下的貼文應該揀選配對失敗的前二次來寫故事才對，為什麼不這麼做呢？（P.191 上圖）

因為這只是整個體系的其中一個活動，其核心定位是要讓受眾覺得，只要你願意起心動念、付出行動，終會有人因為你而得到幫助。

三、目的：警察形象——使命必達＝維護正義

承上，若是想要更多的觸及與分享，不是應該多寫寫這位先生的身分背景？而這一則並沒有說到自殺者的任何一段故事，只有在警察問他為什麼要跳河時，說了一句「家裡付不出醫藥費」。在畫面和文字中也都是突顯警察回覆與處理的內容。因為主角是警察，所以只是忠實的呈現事件過程來突顯警察的愛心。（P.191 下圖）

小編OS

三個性質相差甚遠的粉絲團，卻都能將弱勢的議題發揮得淋漓盡致。最主要便是他們很清楚目的與對象，才能製造出成功的貼文，進而引發話題。

傳達意念的角度取決於面對事情的態度

目的——引發情緒

增加關注度
=
增加銷售量

蘋果日報
11 分鐘前 ·

醫生說已經無法動手術了... #宅編

#泰國 #顎骨癌 #癌

在外太空漂浮其實很刺激？！https://goo.gl/irfHf6

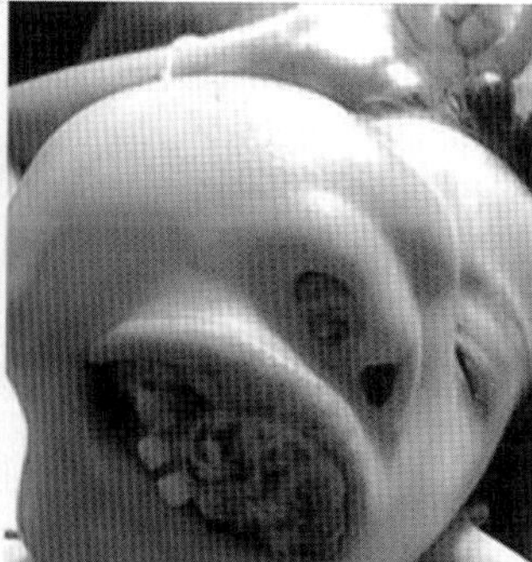

惡瘤脹出鼻孔嘴巴　正妹哭訴：不想拖累爸媽
泰國曼谷一位女子患顎骨癌，腫瘤不斷長大...

APPLEDAILY.COM.TW | 作者：蘋果日報

9-5 傳達意念的角度取決於面對事情的態度（二）

當你有了確定的目的，也就能確定該用什麼樣的角度去執行、撰寫。這需要時間探索與修正，不是想怎麼做就怎麼做。

最近發現有許多的粉絲團成長到一定的程度後，就遇到了停滯期，無法再成長。這樣的粉絲團有一些共同的症狀：

1. 幾乎沒有原生內容，貼文多為分享。

2. 沒有核心主題，也可以說還沒有找到社群定位。

粉絲團雖然可以使用一些外在的方法壯大，如廣告投放。但是，到了某個限度時，越是運用外在的方式就越會發現，粉絲團如一灘死水沒有作用。其實你所面臨的就是經營原生內容。

Facebook 前一陣子宣布要封鎖每天分享超過 20 則貼文的個人動態，這代表的是 Facebook 對原生內容的重視。然而經營原生內容似乎對大多數無法躍升成大粉絲團的人，均有一定困難。除了找不出自己的核心主題外，也有許多粉絲團是因為沉迷於粉絲愛看的分享貼文，因為只要分享某類型的貼文，觸及率就會很高。可是，若不能培養出鐵粉提升參與互動率，就算是良性的曝光夠高（觸及），沒有轉換、沒有參與，還是一樣沒有績效的。

究竟該如何經營粉絲團，如何生成屬於自己的原生內容，若你也和大部分的粉絲團有一樣狀況，真的！花點時間思索上面的這段話，一定會讓你有所收穫。

・在行動時代建立品牌知名度的三大原則（摘自 Facebook 官方說明）

我們每天平均會花 3 個小時使用手機。能夠別出心裁，以獨到手法重視運用行動裝置建立品牌知名度，才能在 Facebook 上大獲成功。

下列三大原則能幫助您在刊登貼文時，充分把握行動商機：

1. **快速打造個人化內容**：當您透過行動裝置向受眾投遞貼文，就猶如將訊息放在他們的掌心。您能名副其實地貼近用戶，所有的內容近在他們眼前，手上的世界彷彿全由他們掌握。

2. **切中要點**：行動裝置使用量的成長幅度相當驚人。Facebook 用戶每日觀看影片的總時數超過 1 億小時。現在，影片流量已占據超過一半的行動數據流量；根據預測，到了 2020 年，影片流量占比更將提高至 75%。

3. **隨時應變**：有越來越多行動用戶會特地坐下來慢慢欣賞較長的影片。根據一項研究，有 30% 的行動瀏覽次數是觀看超過 20 分鐘的影片。

目的──傳達正向

正面思考

=

活著就有希望

大愛電視 DaAi TV
12 小時前 ·

(有洋蔥，文長慎入)
雖然已做過化學治療，但半年後白血病卻再度復發，骨髓移植對黃采緹是唯一的希望，經過三次配對終於有機會延續生命，她在「骨髓造血幹細胞驗血」活動中，向抽血的愛心人士說：「我是黃采緹，謝謝您來參加驗血！我就是這樣被救回來的，謝謝您！如果沒有您們的善心，我可能已經不在這個世界了！」

目的──警察形象

高雄市政府警察局
4月27日 ·

愛與鐵血2.0(42)
即使身上滿是泥濘，但拯救性命卻令人感到無比喜悅...
#聞聲救苦
#所長給你靠，若不夠還有許多警察弟兄可以拉著你
#岡山分局前鋒所
YouTube連結在這裡👉https://youtu.be/E9EMYY4zBsg

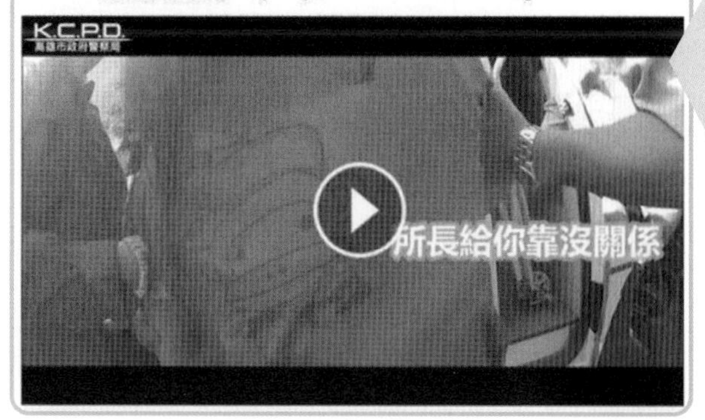

使命必達

=

維護正義

9-6 注意事項

一、忌假故事

假故事中的經典，就是當初的鼎王無老鍋。

過去在無老鍋用餐，都能看到這個豆腐的故事。描述著鼎王執行長因為在日本岐阜，遇到一位 70 多歲的無老婆婆，花了 3 年時間跟她學會這項家傳豆腐手藝，甚至形容雪白豆腐在鍋裡，就像高雅的天鵝在湖泊裡優游著，沒想到這一切都是鼎王的行銷手法，編造出來的故事。

記者：「為什麼要虛構？」鼎王執行長：「在這個部分，我們沒有去落實做好，這個就是我們的錯。」鼎王記者會坦承無老婆婆是虛擬人物。

虛擬故事，不知道已經吸引了多少消費者上門，但真相揭曉，原來無老婆婆，其實是「沒有這個老婆婆」，這只是編造出來的故事。

結果，假故事被揭發後，開始接連被踢爆粉泡湯底、幽靈製鹽所等廣告誇大事情，連衛生局都去抽驗使用的中藥材，其中調味的枸杞被驗出含有禁用農藥，一樁樁連環爆信譽不再，從此再也沒有進不去、訂不到位這種事了。

二、侵權問題

這是一則網路笑話，源頭是誰也查不出來了，不過滿經典的。這部電影就剛好都在飆車，還都剛好大家的造型都是光頭。然而這則貼文下面是罵聲一片，大家都留言說，政府機關怎麼帶頭違法，這麼不重視法律。

只是單單在貼文上面寫轉載出處，或是像貼文上寫「# 圖片轉載自網路笑話」是不夠的，其實這樣依然違反 Facebook 的著作權。

在 Facebook 的使用條款（即權利與義務宣告）和社群守則中，有提到你發佈至 Facebook 的內容不得違反任一方的智慧財產權。確保你發佈到 Facebook 的內容未違反「著作權法」的最佳方式，就是只發佈自己創作的內容。

如果你取得許可（例如：授權許可），或是基於合理使用或其他著作權例外，則你或許也可以在 Facebook 上使用他人的內容。一般而言，在發佈內容前，事先取得書面許可會是較聰明的做法。請注意，Facebook 無法協助你取得受著作權保護之內容的許可。

換句話說，就連分享也都有可能違反著作權。

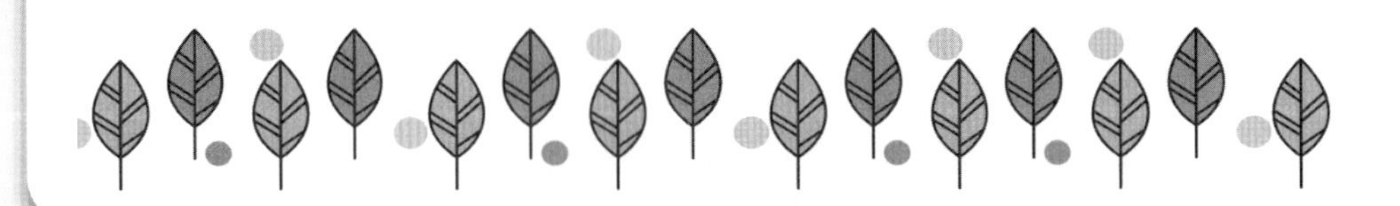

忌假故事

侵權問題

高雄市政府警察局
4月11日 ·

安全駕駛是回家唯一的路...

#玩命關頭番外篇
#高雄市政府警察局關心您
#圖片轉載自網路笑話

讚　留言　分享

你、林文傑和其他 6,782 人　最相關留言

1,154次分享

記得寫轉載網址及出處

9-7 成功案例——學員心得分享

這是一位曾經上過課的同學，在一開始建立粉絲團之初，便很清楚建立起社群的區隔，找到社群的定位。因為自身對訓練槍十分有興趣，也希望能從事相關工作，進入這個粉絲團，你就能感受到他對這個興趣的熱愛。所以，在粉絲團中的貼文，盡是玩訓練槍的人會喜歡的、會關心的內容，自然也就能吸引到同好。

經過幾個月的經營後，利用這個粉絲團開始撰寫營運計畫書並寄給廠商（一年前也想合作但被打槍），結果廠商接受了請求，給了經銷權和批發價，於是開始經營起屬於自己的生意。以下就是這位學員親自撰寫的經營心得分享。

《有備而來訓練槍 Training guns》粉絲團經營心得（作者：馮以椽）

我的粉絲團創立 10 個月，粉絲將近 6,000 人，幾乎都是自然流量。我的方法沒有什麼高端技術，我沒有帥氣的外表、好聽的聲音，也沒有特殊才藝可以表演，文筆也是普普，能累積到 6,000 人粉絲，全都是靠對社群的觀察和投入。

一、初期

一開始建立粉絲團最困難的就是粉絲數從 0 到 100 人，第一步，將你 FB 所有的好友都邀請進來，你必須每一個都私訊，說明你的請求和目的，在朋友們完成加入後，和他們閒聊幾句，對自己的人脈網絡或是知識擴充都有很大的幫助。千萬不要妄想丟到社團去就會有人加入，很偷懶也很沒有誠意，臉書就是一個社群，比的就是誠意和互動，如果這兩樣東西都沒有，粉絲團也不用玩了。

二、內容

當你的粉絲數有足夠的基數，你該開始思考你的內容，不管你想放什麼都可以去嘗試，測試你的粉絲們的喜好和反應。FB 是網路上回饋最快速的地方，你的內容是否被粉絲喜歡，一天之內就能清楚明瞭，從貼文的互動狀態，你就能感受到最直接的反應。

內容千千萬萬種，思考自己粉絲團的定位以及受眾，去設定你的貼文內容。你的貼文可以不需要是原創，可以去廣大無垠的網路世界找素材，但請注意，「抄」的要懂得修改，避免像「人 2」那樣被圍剿。應該說一開始草創時期用抄襲的風險最小，因為看的人少，你的威脅也小，人家也不會告你，但當你發展到上萬人粉絲時，就要注意。

所以我的做法是：在沒資源時，大量借用他人的素材，用來測試粉絲的喜好，到穩定的時候，就開始製作原創內容。

三、製造風向

建立粉絲團後，建議將所有相關的社團、粉絲團都建立 Excel 表單，並且通通都加入，之後你便可將自己粉絲團的內容分享到這些社群內，能為你在短時間內帶來大量的流量。最好是能引起討論，吸引注意。你也可在一些零碎時間滑手機時，觀察一下這些社群最近在討論什麼，裡面的內容也可以拿來參考。

四、互動

把握每個粉絲的留言，好好和他們互動，讓他們感受到你獨特的人格特質，喜歡你的人就會留下來。粉絲比你專業的情況很常見，虛心向他們請教，有時他們會分享很多高價值的見解，那會是其他粉絲來觀看的一大動力。現在網路上的影片和文章，大家會先看的，除了標題外就是留言。常常發生留言比原文還要精彩的情況。營造一個開放、友善、歡樂的留言環境。內容不限於貼文，粉絲的回覆也是好的內容。

五、多學多看

講了半天還是不知道怎麼開始嗎？去觀察所有你覺得不錯的粉絲團，每個粉絲團都有它們成功的原因，比如小編互動很有趣、原創內容有深度、很會帶風向……，向他們學習，找出適合自己的方法就對了。

六、堅持

粉絲團的經營難在每天持續地去更新內容，尤其在初期反應冷淡的時候，會失去更新的動力，但是堅持下去，有些粉絲團也能做到百萬粉絲，一直投入、不斷修正，你也能打造一個龐大的專屬社群。

Date ______/______/______

第十章

寫給B2B的粉絲團經營者

10-1 B2B 如何經營粉絲團？

這一年來，由於接觸到不少臺灣的企業性質是屬於「Business to Business」，對於經營粉絲團有極大的困惑，甚至於有許多企業乾脆放棄社群平台，其實這是相當可惜的。

B2B 的企業較常見的社群經營是 LinkedIn 和 Facebook。不過 LinkedIn 比 Facebook 來得更容易操作，主要是因為對海外許多做 B2B 的業者來說，有 80% 的社群平台客源是來自 LinkedIn，因為 LinkedIn 可以透過工作職稱、工作內容、產業類別、公司去篩選目標客群。

LinkedIn 的固定使用者在全球有 5 億人，在平台上有超過 900 萬間公司、200 個國家。使用者以美國為最多，在 B2B 廣告的精準程度和轉換率上，又更勝於其他平台。若你是要跟外國人做生意，建議使用 LinkedIn，效果很好。

Facebook 粉絲團的操作，由於面對的消費者不同，也造成兩種完全不同的社群行銷策略，B2B 的經營方式是在精不在多。要傳達的是一個專業形象，是提供有價值的資訊給精準粉絲，而經營的目標是在開發潛在客戶名單。

所以，在 Facebook 粉絲專頁上，「品牌印象」與所有「訊息的完整度」，這二項比起一般的 B2C 粉絲團更為重要。在貼文的內容上比較建議偏向：

1. **與商品需求相關的情境貼文**：比如說是賣壓縮機零件，這個產品在何時會使用到？什麼情況下會比其他同質性產品好用？

2. **提供免費索取資源或內容**：利用商店或服務建立索取詳細目錄介紹解說，請有興趣的客戶留下聯絡資訊。或是有相關展覽或講座時，開放幾個名額，可以上傳名片 jpg 檔，索取免費入場。

3. **引起好感的企業故事**：記得曾經看過一個臺商去國外展覽被搶的故事，因為語言不通，情急之下用閩南語喊出：「欺負臺灣人哦 ~」結果現場聽得懂的人全跑出來幫忙，事後還辦了個臺灣鄉親的聚會。所有公司曾經歷過的歷程，都值得寫成故事。

4. **突顯公司文化的貼文**：其實就像是公司的日常，公司舉辦出遊請員工寫下心得，或是團隊合作完成目標都好。這類貼文很容易淪為自言自語，所以要注意，在最後面結尾時，記得轉回來。

寫給B2B的——粉絲團經營者

1. 操作品牌勝於操作商品
2. 利用網誌介紹專業
3. 關於頁面資訊完整
4. 善用按鈕連結
5. 私訊客服
6. 利用廣告尋找正確的受眾

B2B內容行銷——社群平台的使用

平台	比例
LinkedIn	94%
Twitter	87%
Facebook	84%
YouTube	74%
Google+	62%
SlideShare	37%
Instagram	29%
Pinterest	25%

Average Number Used

10-2 操作品牌勝於操作商品

在 B2C 中，我們常用的貼文形式是「寫出消費者的需求」，在這裡卻不適用。我們反而是寫出「產品能解決的問題」，會更切合所需。

在經營 B2B 的受眾，可以先思考一下他們的消費行為模式。他們會先觀察，除了商品適不適合外，公司營運是否正常、信譽如何等，這些正是在 Facebook 粉絲專頁上可以完整呈現的。

B2B 的受眾習慣做長期的觀察，當他願意和你聯絡時，其實已經有一定程度的了解，反而直接切入正題更快成交。而要讓他能在最快、最短的時間有「一定程度的了解」而產生信任，在粉絲專頁上呈現是最好發揮的。

圖上雖然是 B2C 的粉絲團（右圖），但是，這樣貼文的類型就是屬於對公司印象的操作。另外，粉絲專頁的操作上要以導入網站流量為目的。

一、利用網誌介紹專業

在 Facebook 粉絲團上有一種貼文形式，是「撰寫備註」，使用起來就像是在寫部落格網誌那樣，在文字部分可以有本文跟 H1、H2 標題的差別，文章中也可以置入圖片跟連結，發佈時就像是一篇貼文，而點開會整個展開成為長形的網誌。

這很適合寫需要詳細描述的內容，外加附圖解說，最後放上連結或聯絡方式。只是，這還是屬於貼文的一種形式，一樣會被之後的貼文洗下去，無法像「商店」或「服務」那樣滯留在上部。

二、關於頁面資訊完整

經營 B2B 對於關於的頁面一定要很重視，因為你的資訊完整、夠吸引人時，你會從洞察報告中發現，只要有人看過關於這一頁，三天到一個禮拜內就會有人來詢價。這跟 B2C 是看商品頁或貼文下訂單是很不一樣的。

除了地址、電話、營業時間外，其他的資訊如簡介、說明、使命等。

不要放一些唱高調，或是董事長的話，寧願朝務實面撰寫，反而能切中需求。

三、善用按鈕連結

B2B 在網路上的經營中，有官網是必備的，所以在經營粉絲團時，除了左上方按鈕的串接，要多運用貼文的「吸引購買」，幫網站導入流量。

對品牌（公司）印象的操作

486先生
2小時

昨天會計跟我說『又要』去倉庫盤點了。
我找出去年派人專程去倉庫盤點的照片，倉庫空空的，機器都出光，現場人員給我盤點『紙箱』的情形都還在我腦海。

早晨4點半起床，看了一下商品庫存表，P10這週會出光，大白預購、除濕機預購、12公斤滾筒預購、21公斤也預購、小紅掃地機還好日前總共來2000台，現在還有700台，但看這團購登記速度下週夜應該會登記光。
所以看來今年去倉庫盤點，好像還是只能盤......紙箱
我這幾年，最大夢魘就是同事不斷跟我回報『缺貨』....

利用網誌介紹專業

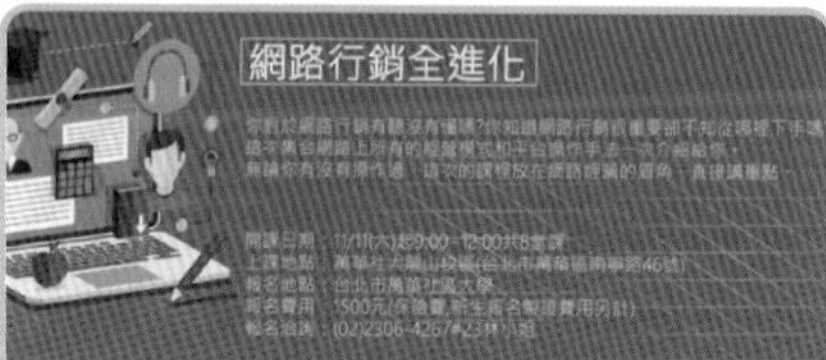

對於網路行銷有聽沒有懂?網路行銷不知從哪裡下手?

8週課程介紹

分享相片或影片

為你的企業刊登廣告

建立優惠

開始直播

吸引購買

接收訊息

建立活動

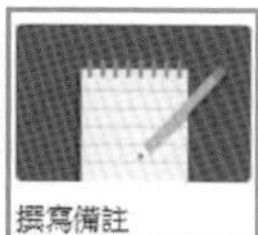
撰寫備註

10-3 私訊客服

這裡指的是 Messenger 的功能運用，現在正夯的聊天機器人功能和購物車功能，最主要都是針對 B2C 消費者端的運用。然而作為 B2B 的粉絲團，常因為 C 端的消費者來詢價而產生困擾。這時聊天機器人唯一有一個功能可以用上，就是關鍵字自動回覆。

你可以利用設定的關鍵字來區分，他是 C 端的消費者，還是 B 端的廠商，再設定對於 C 端的消費者，提供可以到何處購買或服務的訊息。B 端的廠商則是提供聯絡方式，或是資訊連結。或者你在粉絲團上面的聯絡資訊有做完整，又絕對不可能接 B2C 的訂單，那你也可以考慮把 Messenger 的功能關閉。或者是到設定的位置，將訊息的回覆內容設定寫清楚，並留下聯絡方式。或是請對方留下聯絡方式，再寄資料提供參考或者和他聯絡。

一、利用廣告名單尋找正確的受眾

Facebook 最厲害的價值，就是可以找到你真正要找的那群人，只要你技術夠好。現在有一種廣告投放的方式叫做「名單型廣告」，除了可以利用廣告受眾的設定來做篩選，還可以利用設計填問卷留資料的方式，將正確的 B 端廠商資料過濾出來。

在進入廣告投放頁面後，點選「開發潛在客戶」——這個選項可以從對你的品牌或企業有興趣的用戶中，挖掘銷售潛在顧客人數（例如：電子郵件地址）。

在第一次使用時，必須在廣告組合設定上方，先確認你已為此專頁接受 Facebook 名單型廣告條款。進入後，前面設定和一般廣告設定都相同，到最後會增加一項名單型廣告表單的欄位，最主要需要設定的是：1. 簡介（選填）、2. 你問我答、3. 隱私政策、4. 感謝畫面。

不少臺灣的 B2B 企業是屬於外銷性質，我見過有些企業因此製作不同語言的粉絲專頁，其實只要一個就可以囉！至於在文法上會不會有問題，就不得而知了，目前這功能還算新。

二、如何用一種以上的語言建立粉絲專頁貼文？（摘自 Facebook 官方說明）

您可以用一種以上的語言撰寫粉絲專頁貼文。用戶看到的貼文，會依照對方的語言設定與所在地點，以最相關的語言顯示。

您須先確認是否允許貼文以多種語言顯示：

1. 點擊專頁上方的設定。
2. 點擊一般內的使用多種語言撰寫貼文。
3. 點擊勾選「允許這個粉絲專頁的管理員用多種語言撰寫貼文」旁的方塊。
4. 點擊儲存變更。

利用廣告名單尋找正確的受眾

廣告類別的開發潛在客戶功能中才有

滑到頁面最下面才有：名單型廣告表單

在此頁面填寫設定問卷

建立表單
Untitled form 2017-12-21
儲存
完成
內容
設定
表單類型
依據你的名單型廣告行銷活動目標來自訂表單。你選擇的選項會影響收到的表單數量及每位潛在顧客成本。深入瞭解
選項
提高回收量
使用可在行動裝置上快速填寫並提交的表單。
提高意願
新功能
新增檢查步驟，讓用戶有機會確認資料。
簡介（選填）
你問我答
隱私政策
感謝畫面
UPDATED
提高回收量 - 表單預覽
標題文字
在下方提供資料以註冊。
電子郵件
請輸入答案。
全名
請輸入答案。
提交
表單
1/2

NEWS

第十一章

寫給O2O的粉絲團經營者

11-1 Online的重點在宣傳

一般大家都會認為 O2O 是「Online to Offline」，也就是「線上網路對線下實體的運用」。因此許多的零售業者，除了原有的實體通路外，希望開發這條新售點，為自己增加業績。結果是二條通路打架，鬧不合。

這麼多年過去了，你們家整合成功了嗎？還是依然二組人馬檯面下鬧不合？當然，這其中牽扯的不單單只是線上線下的整合，而是公司整體部門的重新劃分。這不是件容易的事，我也常常看到有會計必須兼任粉絲團小編的。我只能說，想把事情做好，本來就要花成本，這個兼那個兼，永遠都無法發揮效益。

在這邊，我們以粉絲團能夠發揮的，還有它本身提供的，能夠操作運用的方式來跟大家介紹，希望網路和實體可以互相配合協助，為共同目標努力。

實體商家單純的進行網路行銷工作，只是在把傳統行銷的「宣傳」工作數位化。當然，可以不只是這樣，只是，若你就是個小店家，能夠利用數位化宣傳已經是很大的助益了。

在前面的臉書工具介紹中，已經介紹了許多可以運用的工具，像是：

1. 打卡。
2. 認領地標。
3. Wi-Fi 連結。
4. DM 式廣告投放。
5. 手機版 MAP。

而在這裡要提醒大家的是，粉絲團開團的類別一定要設在地商家，這樣 Facebook 才能給你所需要的工具運用。

小編OS

不要再為了數位化鬧不合了，已經有許多成功整合的商家，營收躍升百倍，這是公司整體的整合，還有個人數位觀念的提升，不是試試看或多設立一個部門就可以解決的事！

寫給O2O的粉絲團經營者

Online的重點在宣傳

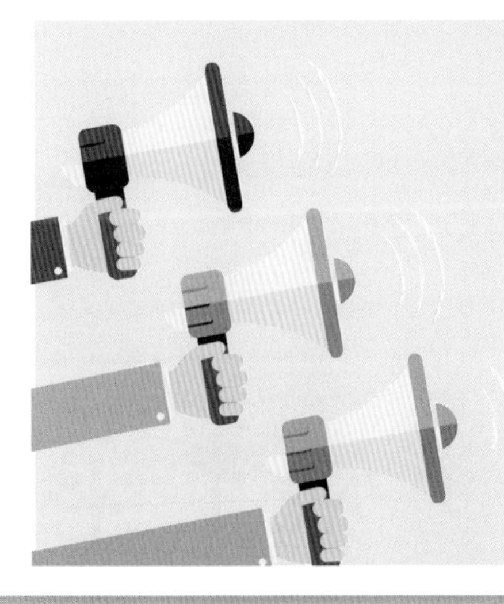

1. 打卡
2. 認領地標
3. Wi-Fi 連結
4. DM 式廣告投放
5. 手機版 MAP

11-2 類別——本地商家

若是已經來不及的，可以到「設定」中的編輯粉絲專頁 > 範本的編輯 > 設定成餐廳與咖啡廳。當你確認跳出後，就可以有許多相關的設定可以使用。這之中最重要的是：營業時間和地點。

進入關於後，請按右上方藍字，編輯粉絲專頁資訊，然後按視窗上方的地點，拉到最下方即可看見：

粉絲團＞關於＞編輯粉絲專頁資訊＞地點＞營業時間

地點的設定是先將地址輸入，然後一般出現標註的點都會是錯的，這時你只需要用滑鼠抓住標註的點，移動到正確位置即可。另外，最好用的是洞察報告中的「本地」。

Facebook 將其在地數據和你分享，主要有三：

1. 活動與尖峰時段：運用周邊客流量的尖峰時段資訊，明智地規劃商店營業時間等細節。

2. 人口統計資料：了解你商家附近用戶的年齡、性別和移動距離，讓你的商家開展行銷和服務。

3. 廣告成效：看看你的廣告是否觸及自己商家附近的用戶。

小編OS

Facebook 對本地商家可以說是偏心的，一切都準備得好好的等你來用。不像其他類別，什麼都要測試，自己摸索答案！所以有的就算不是真的有實體門市，把地點設在你的消費者最常出沒的地方，也不失為一個好方法！

類別——本地商家

範本
餐廳與咖啡廳
查看詳情
編輯詳細資料
一般
聯絡資料
地點
營業時間
拖曳地圖以重新定位
回報
顧客會造訪位於此地址的實體店面（取消勾選這個方塊將隱藏街道地址、地圖和打卡紀錄）
服務區域
我的企業會在周邊區域提供貨品或服務。
營業時間
營業時間
特定時間營業
24 小時營業
未提供營業時間
已結束營業
星期一
9:00
17:00
星期二
9:00
17:00
星期三
9:00
17:00

11-3 善用工具辦活動

Facebook 粉絲團這二年針對 Online to Offline 開發了不少好用的工具，讓許多實體店家可以不單單只是運用粉絲團做宣傳。這裡要介紹一個和 LINE@ 的活動優惠兌換很像的手法，這是「轉換次數」的廣告投放才有的功能。

在廣告投放中，於「建立自訂廣告受眾」中與粉絲專頁互動的人，另外再結合了「為行銷活動加上折扣或促銷活動」的廣告投放方法。

一、優惠

從貼文類別，按「建立優惠」。

二、填寫需求

這裡有許多的活動選項，包含結合線上線下。建議要使用前，先開到此頁，做好活動企劃。

三、使用自訂廣告受眾

在自訂廣告受眾中選擇互動。在互動中有 6 種方式都可以使用：

1. **影片**：是指曾經在 Facebook 和 ig 上看過你的影片的受眾，還可以依照時間的觀看分鐘數區分。

2. **名單型廣告表單**：這必須是你曾經下過名單型廣告得來的名單，然後再行銷投放廣告。

3. **全螢幕互動廣告**：這也是曾經下過全螢幕互動廣告得來的名單，然後再行銷投放廣告。

4. **Facebook 粉絲專頁**：指曾經在 Facebook 粉絲團與你互動過的用戶。

5. **Instagram 商業檔案**：指曾經在 Instagram 商業檔案 (ig 的粉絲團) 與你互動過的用戶。

6. **活動**：指曾經在你舉辦的 Facebook 活動互動過的用戶。

接下來選擇適合的選項及天數，建立廣告受眾後，可以重複這個動作選擇其他選項，接下來往下步驟都一樣，直至廣告設定完成。

・ 優惠的運作方式

建立優惠後，消費者會在動態消息中看到優惠，並能進一步領取、按讚或留言。接著，視優惠設定而異，消費者可點擊優惠並前往網站購物，或透過電子郵件接收優惠，到實體店面消費使用。

消費者所領取的優惠，也會儲存在優惠書籤中，方便日後使用。另外，消費者領取優惠後會收到 Facebook 通知，提醒消費者在優惠到期前使用完畢。如果優惠可在店面使用，Facebook 也會在消費者來到店面附近時，傳送通知提醒用戶使用優惠。

善用工具

FB的電子優惠券

11-4 聊天機器人好客服

不知道你裝了沒？目前的聊天機器人有幾種功能：

一、辦活動與粉絲互動

常在動態牆上看到的，在底下留言特定的一句話，然後每個留言回覆的都是相同的話，那就是聊天機器人回覆的。

二、關鍵字自動做好客服

許多利用 Messager 回覆客服的商家都會發現，有許多的問題都一樣。像是怎麼退貨、有沒有折扣、還有沒有貨、怎麼使用……。這類問題，全部都可以設定成關鍵字自動回覆。

三、收集名單

可以將和你互動過、購買過商品的消費者建立名單。

四、購物車＋金流

可以將簡單的商品目錄登錄，另外再串接線上金流。

其實真的還滿方便的，接下來機器人會越來越風行，千萬別錯過了。

小編OS

目前最新資訊是，Facebook 開始禁止非正常互動貼文。也就是辦活動留言送好康這類的，只要下方都是重複留言，如：+1。FB 就會刪除貼文。另外，收集名單還是遊走在邊緣，加上 FB 最近的隱私權事件鬧很大，不知之後是不是也會被封鎖，禁止收集名單，就不得而知了。

其他的功能還是非常實用的。例如：一天到晚出現的重複問題，還有進入粉絲頁面跳出的歡迎詞，以及購物車串接金流十分便利。另外就是相信設計者接下來還會推陳出新，然後出現付費版（一貫的手法）。

不過，新頁面 Marketplace 網拍，是否會衝擊到機器人的使用，也很難說。

總之，非 FB 官方出產的流行工具，一向不受 FB 歡迎，何時會出現 FB 改良版，然後從此聊天機器人不能再使用，那就不知道了。

聊天機器人

Hello
① 辦活動與粉絲互動
② 關鍵字自動做好客服
③ 收集名單
④ 購物車＋金流

小編OS

Facebook 開始關注這股風潮了，結果會被禁還是開放，尚不可知，但是目前的確是解決大家困境的好工具！想用請趁早，這股流行風潮過了才要學，就是在浪費時間了！

Date ______/______/_____

第十二章
小心！危機的處理

12-1　危機處理SOP（一）
12-2　危機處理SOP（二）
12-3　其他經驗案例分享（一）——遇到酸民怎麼辦？
12-4　其他經驗案例分享（二）——FB被亂留言怎麼辦？
12-5　其他經驗案例分享（三）——在FB上被詐騙
12-6　其他經驗案例分享（四）——如何避免粉絲團被廣告亂入？
12-7　其他經驗案例分享（五）——FB粉絲專頁帳號「停權、封鎖、檢舉」狀況處理
12-8　其他經驗案例分享（六）——如何處理FB上功能無法運作／被入侵冒名帳號／詐騙
12-9　其他經驗案例分享（七）——其他
12-10　關於經營粉絲團的暗黑行銷術
12-11　大咖粉絲團都在使用的聯盟行銷

12-1 危機處理SOP（一）

在網路上所有的負面訊息都是會被留下的，只要你做了任何事，之前所有的歷史事件，無論好的、壞的，都會被翻找出來，我們唯一能做的只有將負評洗到下方。所以請千萬記得：在網路上沒有息事寧人這回事！

記得全聯前總裁徐重仁的一句話，讓整個企業陷入危機事件嗎？公司經營久了，難免會遇到一些危機，然而在網路盛行的世代應該如何運作，的確是有方法的。這次要講的是，面對企業危機時，粉絲團品牌行銷操作的案例，是很典型的危機操作步驟。

最近因為一張圖表，使得每年可以在臺灣募款上億的綠色和平組織陷入了危機。除了許多網民到粉絲團抗議、退讚、評價一顆星外，還有許多要求退款、募得款項沒有用在臺灣當地、甚至款項不清等種種流言出現。

在形象受損後，不是關閉粉絲團一個月，或懲罰相關人士就可以回復形象的，畢竟形象不是一朝一夕建立，要回復自然不是發佈宣告就可了事。

這次綠色和平組織面對危機的處理步驟，可以說是很典型的處理方式，依照這樣的 SOP 處理品牌危機是很安全且值得學習的做法，一起來看看處理步驟：

一、澄清道歉

除了發佈道歉聲明外，每一則貼文的相關留言底下都要道歉並且澄清一次，別人罵歸罵，這是你該做的功課，就是不能少。

二、有問必答

所謂的澄清道歉絕對不是一篇貼文就結束了，至少下面的一堆留言必須嚴正仔細地回答。若是有不當的謾罵千萬別刪，在事件過後，這將是獲得同情與支持的利器。

三、公開帳務

除了正式貼文公開帳務連結外，每一篇粉絲留言有相關疑問的，都要將連結貼上一次。

小編OS

謝謝綠色和平組織設立出來的 SOP，這個經典案例讓大家跟著學習操作，避免了許多無法化解的原因！

危機處理

危機處理
在網路上沒有息事寧人這回事！

Greenpeace綠色和平（臺灣網站）

in high water-stressed areas, and will further exacerbate the water stress problems that the coal power sector is already experiencing. Xinjiang, Shanxi, and Shandong are the three provinces where newly planned capacity overlaps most with over-withdrawal areas. In addition, 9.32 gigawatts of newly planned coal-fired power plants in Inner Mongolia and Xinjiang are distributed in arid and low water use areas.[55] These results further demonstrate the substantial conflict in China between water resource distribution and the 'Coal Power Moving to the West' policy.

起因

▸ **Predicted Distribution of Coal Power Plants in 2020 by Baseline Water Stress**

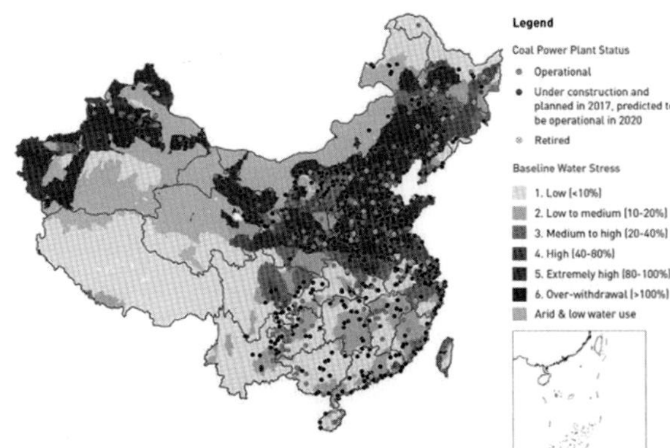

1. 澄清
2. 公開帳務
3. 退款
4. 有問必答
5. 安插網軍
6. 強調理念

12-2 危機處理SOP（二）

四、退款

退款是展現誠意，但記得用個案處理，畢竟你也不想看到退款潮吧！這時好的客服可以展現最大效益，好好地再次道歉並且解說，通常以善良的臺灣人而言，可以有效挽回 95% 的消費者信任，並且不需退款。

五、安插網軍

別急著一開始就找人幫自己講話，不過一開始若能成功轉移話題，倒也是個好方法。在事件正式處理三天到一週後，就可以發動網軍，但別太強勢，約 3~5 篇出現一次就好。出動網軍的目的是讓負面的聲音更快平息，重新導向話題，所以別弄巧成拙。

六、強調理念

原本的議題是右圖的手機汙染，事件發生後，就多了強調國際環保的議題。

「強調理念」不是寫一些宣導文字，要把實際作為展現出來。這時候若平時是有經營品牌的，消費者原本就有一定的信任，當你轉頭再次強調核心理念時，消費者的認同度就會油然升起，也就能大幅降低負面印象的影響度。

一般事件的發酵會在 2 週左右被發佈到各個媒體，然後開始被亂檢舉，所以你有2週的時間好好處理危機事件，只要能在2週內處理好，將事件平息下來，基本上除了粉絲以外，是不會再有其他社會大眾知道的。

最後，還是那句老話，在江湖行走難免不遇事，注意別被別人的思緒牽著走。這裡是你的主場：耐心處理、引導話題。事件很快就能平息了。

小編OS

另外要說的是，有品牌才會有理念可以強調。你若從未經營品牌，走到這一步就只有轉移話題可用了，效力會弱很多。所以這裡要呼籲經營品牌很重要啊！

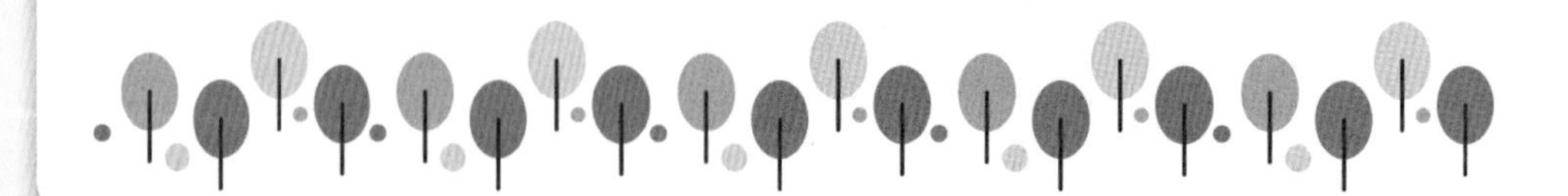

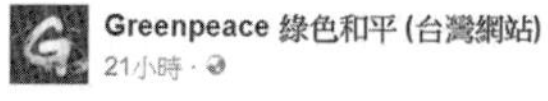

Greenpeace 綠色和平 (台灣網站)
21小時 ·

好消息！
泰國漁業大盤商「泰聯集團」改革漁撈政策，
將加強打擊非法捕魚和過度捕撈，永續海洋！

因為你關心海洋危機，願意挺身而出。…… 更多

放眼國際

Greenpeace 綠色和平 (台灣網站)
12 小時前 ·

綠色和平作為一個國際的環保組織，如何在全球層次思考，並且進行在地行動，一直是我們的核心思維。在保護環境的過程，綠色和平時常需要面對文化差異和地域政治矛盾，如何在與大企業、政府的斡旋中，找到環境的出路，是我們在世界各地都在探尋的方向。

這幾天關於綠色和平的訊息紛亂，我們想以具體、真實的角度向大家說明：http://act.gp/2tEzxg1

12-3 其他經驗案例分享（一）——遇到酸民怎麼辦？

經營 Facebook 粉絲團貼文，總難免有一天會遇到酸民。萬一真的遇到了，除了給自己正面能量，「恭喜有人關注」外，如何妥善處理才是真正應該面對的。首先，先檢討貼文如何避免被酸民入侵。

一、避免政治議題或和政府沾上邊

在臺灣，政治性的議題就是特別會被關注，即使是社會福利之類比較溫和性的話題也是。若是不想自找麻煩，最好是能不碰就不碰。

二、避免產生聯想

會想太多的人不在少數，雖然有時寫一些語意不清又有暗示性的內容，容易引發話題和關注，不過遊走邊緣就是必須承擔風險。

三、避免過於主觀意識的言論

事情總是一體二面的，有人喜歡就會有人不喜歡，即使是做對的事、站得住腳，在網路的世界裡，永遠會有另一派人和你想的不一樣。

四、避免情緒化的文字

有時你覺得是討拍文，別人不見得是這麼想哦！不過，萬一避不掉時，如何處理呢？其實我滿佩服這個案例的大大，只要有辦法說出道理來，其實真的不需要太擔心。另外，若是有辦法操控議題，其實能有這樣的炒作，對 Facebook 粉絲團的曝光度反而是有益的。

以右圖的例子而言，你可以處理的方式有三：

一、消極型

負面的言論是會引來相同負面的留言，最糟的是不處理。所以，若真的不知該怎麼辦的話，Facebook 給各位粉絲團小編一個小小的救星，就是在留言的右方有一個小三角形，滑鼠滑過去就會出現「隱藏或嵌入」，使用隱藏功能只讓留言的人及他的朋友看得見留言，其他的人就看不見了。（千萬不要一時衝動就把留言刪除了，這樣可是會引發出更激烈的留言出現的。）

二、積極型

正面迎擊，針對負面的言論給予正面積極的回應，甚至召集親朋好友、同事一起以優勢的團體力量，共同留言、按讚、分享。以 Facebook 的運算機制，較多按讚留言的貼文就會被翻到上面，成為人氣留言。相對地，無人聞問的留言就會被洗到下面，看不到了。

三、建議並用

有時貼文的議題不太可能像是一言堂一面倒，所以建議不太嚴重、不會延燒或是能回覆的，就留下吧！隱藏它也可以。簡單來說，當你的貼文無法滿足需求時，就會容易出現酸民，除非你的粉絲團沒人關注。真的遇上了，處理它、化解它、放下它。

酸民訊息處理

新成屋 這價格很優惠很划算了，如果樓上大大們要選便宜的，可去租屋網選一般公寓的隔間套房 我想應該6-7千左右。

讚 · 回覆 · 發訊息 · 👍1 · 8月31日 17:54

新成屋這價格來說真的很便宜.但問題這是社會宅蓋給弱勢租

讚 · 回覆 · 發訊息 · 9月2日 21:55

弱勢可以申請中低收入戶，且他也有分別 優先戶跟一般戶，已經區分出弱勢家庭的協助了！是否有瞭解社會住宅的本意？連押金租金都可視情況而調整，麻煩請深度去了解！

讚 · 回覆 · 發訊息 · 9月2日 21:58　隱藏或嵌入

你要跟我談深度是不是?我是　　的弱勢優先戶.基本上需求是3房.我單親上一代沒有家產.雖然沒房沒家產.但有手有腳能正常工作.至少收入正常.談不上窮.但也不到中低收入的資格.即便你說的問題都解決了我還是不會去租三房的.因為他一約2年最多續三次6年.裡面已經有家具了.那我要搬進去的話家具不就要全丟了?然後6年一到還是要搬家然後要在花一筆買家具的錢?對我們而言這政策並沒有幫到我們.你知道無殼蝸牛其實最想要的就是一個家嗎?不是弱勢就一定是中低收入戶.就是有像我們這種卡在不上不下的.政府不多蓋一點國宅實行租者有其屋政策.反倒蓋起所謂的社會宅一起來收租.能有自己的房子誰會想一輩子去租屋?這政策只爽到一般戶.沒有幫到弱勢戶.弱勢戶只能乾瞪眼

取消隱藏 · 11小時

你那麼多別人沒有的，還有家具，還奢望想要個家？那你不如離開新北 去雲林、嘉義、花蓮買啊！只會想要在北部買房，還奢望政府幫你一把？那你何不山不轉路轉往南部發展，北部已經沒你說的那條件了！還想租者有其屋？那去南部吧！

取消隱藏 · 10小時

請小心！
近期許多網路駭客的新把戲
他們複製你的臉書圖片和姓名
並建立一個新的 Facebook帳號
然後寄送好友邀請給你的朋友
你的朋友會誤會是你
他們就接受了交友邀請
之後利用你的名義在臉書上
執行任何行為(包括詐騙、色情)
所以請不要接受來自我的第二個友誼請求
我只有一個帳戶
請分享在你的塗鴉牆通知好友
新北市政府警察局板橋分局大觀派出所

一般
帳號安全
隱私
動態時報與標籤
封鎖
語言
通知
行動版
追蹤者
應用程式
廣告
交易付款
支援收件匣
影片

隱私設定與工具

誰可以看到我的東西？	誰可以查看你往後的貼文？	朋友（不含點頭之交）	編輯
	檢查所有你被標註的貼文和內容		查閱動態紀錄
	限制你設定和「朋友的朋友」以及「公開」分享貼文的分享對象？		限制過去的貼文
誰可以與我聯絡？	**誰可以傳送交友邀請給你？** 所有人 ▾（✓ 所有人／朋友的朋友）		關閉
誰可以搜尋我？	……的電子郵件找到	所有人	編輯
	誰可以經由你提供的電話號碼搜尋你？	所有人	編輯
	是否要搜尋引擎在 Facebook 以外的地方連結你的個人檔案？	是	編輯

12-4 其他經驗案例分享（二）——FB被亂留言怎麼辦？

已經很長一段時間在 Facebook 中，大家都一直收到奇怪的交友邀請，但是除了正妹照，什麼都沒有，讓你期待又怕受傷害，加上近來又有臉書交友詐騙。因此，面對 FB 被亂留言應如何預防，說明如下。

- 如何保護自己以及你的臉書好友

這次就來說說這個和粉絲團無關的個人隱私問題。

其實有點耐心，好好的讀一讀設定內的功能，Facebook 寫得很詳細，只是大家總是沒耐心好好看完。今天針對預防被亂 po 文這件事，和大家介紹一些功能以及說明做了會有什麼狀況。

若你不想收到陌生人的交友邀請，可以乾脆把交友邀請給鎖了。只是你就不要換工作、認識新朋友，不然就尷尬了，他既加不了你、也搜尋不到你。

當有人標註你時，若你不想讓人看到這篇文章、照片，也就是你沒按確認，他是不會出現在你的動態上。Facebook 除了會通知你檢查，還會在你的頁面提醒——查看活動紀錄。

如果你覺得每一則都要檢查很麻煩，你也可以在「通知 > 標籤」的地方設定，比如說朋友不是阿貓、阿狗，標註了也沒關係，就不用通知了。

如果你不喜歡被要求建議要來寫標註，還有被不認識的人，比如朋友的朋友來標註你，那麼就趕快啟用這個功能。若你不想得罪不認識的人，其實不認識也沒什麼得不得罪的。你若喜歡交朋友，建議還是開著吧！

Facebook 就是用來交朋友用的，若你比較重視隱私或是擔心自己的資料被亂用，這裡就要確認一下有沒有勾「> 應用程式右下 > 其他人使用的應用程式」。另外，若你不想玩遊戲時亂洗版被討厭，最好是將所有的應用程式都編輯成只限本人。

若你不想自己好友莫名被騷擾，在個人的動態頁 > 朋友右邊的箭頭，可以編輯隱私設定；若是只限本人，就是所有的人都看不到這個欄位了。

不過，如果你想玩動態上的一些有關好友的心理測驗，像是他上次搜尋你的動態是什麼時候，會測不出來喔！

小編OS

其實很多令人不舒服的狀況都一樣，不要動氣，耐心處理就會沒事了。

隱私權設定

隱私權在此設定

一般
帳號安全
隱私
動態時報與標籤
封鎖
語言
通知
行動版
追蹤者
應用程式
廣告
交易付款
支援收件匣
影片
動態時報和標籤設定
誰可以在我的動態時報新增貼文？
誰可以在你的動態時報上發佈文章？
朋友
編輯
在朋友將你標註在內的貼文顯示在你的動態時報之前，先加以審查？
關閉
動態時報審查控制你在標註你的貼文發佈到動態時報之前，你是否必須手動批准貼文。當你有貼文要審查時，點擊「活動紀錄」左側的動態時報審查即可。
注意：這只控制允許出現在你動態時報的內容。你被標註的貼文仍會出現在搜尋、動態消息和 Facebook 的其他地方。
啟用
Add to Timeline
Hide
誰可以查看我動態時報上的內容？
檢查其他人在你動態時報上看到的內容
檢視角度
誰可以在你的動態時報上看見你被標註的貼文？
朋友（不含點頭之交）
編輯
誰可以看到他人在你的動態時報上的貼文？
朋友（不含點頭之交）
編輯
我該如何管理別人加上的標籤以及標籤建議？
標籤出現在 Facebook 之前，先檢查別人貼在你貼文中的標籤？
開啟
編輯

設定要不要通知

語言	收到新通知時，使用音效提醒	開啟
通知	收到訊息時播放音效	開啟
行動版	你被通知的相關內容	
追蹤者	與你有關的動態 你總是會收到涉及你個人的動態通知，例如有人在相片上標註你姓名，或是在你的貼文留言。	開啟
應用程式	壽星 選擇你是否要收到朋友生日的相關通知。	開啟
廣告	我的這一天 選擇是否要收到動態回顧的通知。	關閉
交易付款	摯友動態 選擇你是否要接收摯友的相關通知。	在 Facebook 和電子郵...
支援收件匣	標籤 以下用戶標註我時通知我：	任何人（✓任何人／朋友的朋友／朋友）
影片	你管理的粉絲專頁	
	社團動態	
	應用程式邀請及動態	編輯
	電子郵件　大部分的通知	編輯
	桌面版和行動版　部分通知	編輯
	簡訊	編輯

設定通知

◎ 語言

通知
行動版
追蹤者

應用程式
廣告
交易付款
支援收件匣
影片

誰可以查看我動態時報上的內容？

檢查其他人在你動態時報上看到的內容 — 檢視角度

誰可以在你的動態時報上看見你被標註的貼文？ — 朋友（不含點頭之交） — 編輯

誰可以看到他人在你的動態時報上的貼文？ — 朋友（不含點頭之交） — 編輯

我該如何管理別人加上的標籤以及標籤建議？

標籤出現在 Facebook 之前，先檢查別人貼在你貼文中的標籤？ — 關閉

關閉標籤審查，將略過審查朋友加到你所發佈內容的標籤，直接出現在 Facebook。並非你的朋友，卻在你的貼文上加標籤時，你一定會被要求先做審查。

記住：當你批准了 1 個標籤，被標註者和他們的朋友都可以看到你的貼文。

啟用

當你被標註在貼文中時，如果你要分享的朋友還沒在分享對象中，你想加誰到分享名單？ — 只限本人 — 編輯

在看起來有你在內的相片被上傳後，誰可以看到姓名標籤建議？ — 朋友 — 編輯

設定通知

編輯隱私設定
朋友名單
誰可以查看你的朋友名單？
只限本人
切記：你的朋友控制誰可以查看他們自己動
報上的友誼紀錄。如果有人可以在其他動態
上查看你的友誼紀錄，他們將可以在動態消
搜尋以及 Facebook 的其他地方看到這個內
他們同時也可以在你的動態時報上看到彼此
同朋友。
公開
朋友
朋友（不含點頭之交）
只限本人
自訂
更多選項
追蹤名單
誰可以看到你正在追蹤的人物和興趣清單？
切記：你追蹤的對象可以看到你是他們的追蹤者。
追蹤者
誰可以在你的動態時報上看見你的追蹤者？
公開
瞭解詳情
完成
朋友 252
讚
留言
分享

12-5 其他經驗案例分享（三）——在FB上被詐騙

我曾收到一則 Facebook Security 的留言，說我因為違反規定，帳號遭永久停用，請立即恢復帳號：http:// 詐騙帳號……。

因為第一次在Facebook上遇到，加上有在Facebook上使用信用卡交易，我超緊張的，所以就上當了。還好事情處理完，Facebook 也把扣款還給我，帳號也恢復了，沒有損失。後來我還去 Facebook 互助論壇看，發現好多人上過當，找不到正確管道申訴，罵聲一片。這篇就來和大家分享處理的過程。

在我填了 Facebook 上的基本資料後，他要我填寫信用卡資料時，我猶豫了，這時我的 Facebook 收到通知，說我在孟加拉登入我的帳號！這時驚覺被騙了（這是詐騙的頁面，直接在 Facebook 出現一個彈跳視窗，還加了諾頓標誌）。

P.226 第一張是詐騙的頁面，第二張是正確的頁面，看得出哪裡不一樣嗎？一個類別是食品／飲料，一個是網路／軟體。立刻進入 Facebook 廣告投放的頁面去看，已經被設定了一個不認識的廣告投放，而且已經有扣款了！我先把這筆不認識的投放刪除，並且將帳號花費上限先調成零，然後停用廣告帳號。接下來寫信通知 Facebook，並詢問該怎麼辦。然後進入那個騙我的粉絲團查看並且檢舉它。還有用我的帳號投放廣告的粉絲團，我居然變成廣告主（可以投放廣告的身分），除了立即刪除，也順手檢舉它。

Facebook 有任何通知，只會出現在右上的地球（通知）中，不會有其他地方。另外，我會立即收到 Facebook 異常通知，是因為我有做設定，任何人從新的裝置或瀏覽器登入帳號時，即會接收通知。

接下來就是麻煩事了。Facebook 首先會停止你的 Facebook 所有的帳號並登出，你必須重新設定密碼，而這個動作是只要有任何人從新的裝置或瀏覽器登入帳號，就會再來一次，所以當晚我不斷的被登出重設密碼。

接下來是重新申請廣告帳號回覆。Facebook 有一位專人回信給我，並且也打了國際電話詢問（講的是中文），他要我提供被盜刷的金額及信用卡前 6 碼，確認後，我必須到他給我的 Facebook 頁面重新申請恢復。裡面還有要求須檢附證件的檔案，我還被要求再附一次信用卡相關資料以供查核，然後約 24 小時後恢復廣告帳號。

不過小心，雖然詐騙頁面被我檢舉而移除了，但是盜用我帳號的粉絲團過了一週後，居然被復原了，然後它再次要使用我的帳號做投放。但因為我的密碼更換過了，所以並沒有成功。這時我的帳號再次被登出，廣告帳號自動鎖住，上面一切又再重來一次。還好，這次當天就恢復了。

詐騙案例頁面
How to Keep
Your Account
Secure
Facebook security
食品／飲料
動態時報
關於
相片
按讚分析
影片
Facebook security
Your Facebook account is Troubled.
Your account has violated the provisions on Facebook.
Security Systems has received reports from other users you violate the rules on Facebook which resulted in your account will be permanently disabled. We encourage you to instantly recover your Facebook account.
Please restore your account below:
http://play-now-safet88.hol.es······ 更多
翻譯年糕
How to Keep
Your Account
Secure
Learn about features to help protect your account and things you should avoid.
Facebook Security
網路／軟體
讚
分享
動態時報
關於
相片
影片
更多
搜尋此粉絲專頁內的貼文
9,046,794 人說這讚
和其他 2 位朋友
邀請朋友對這個粉絲專頁按讚
關於
要求 Facebook Security 分享地址
詢問 Facebook Security 的電話
要求 Facebook Security 分享營業時間
https://www.facebook.com/about/ba...
應用程式
Facebook Live
Facebook Security
2月26日
3 Simple Facebook Security Tips
1) Protect your password. Don't use your Facebook password anywhere else online and never share it. You should be the only one who knows it. Avoid including your name or common words. Your password should be difficult to guess.
2) Facebook will never send you a message or email asking for your login details or credit card number. If someone asks you for this information do not respond or click on any links in their message. Please report the me······ 更多
翻譯年糕

How to Keep Your Account Secure
Learn about features to help protect your account and things you should avoid.
Facebook Security
網路／軟體
讚
分享
動態時報
關於
相片
影片
更多
搜尋此粉絲專頁內的貼文
9,046,794 人說這讚
和其他 2 位朋友
邀請朋友對這個粉絲專頁按讚
關於
要求 Facebook Security 分享地址
詢問 Facebook Security 的電話
要求 Facebook Security 分享營業時間
https://www.facebook.com/about/ba...
應用程式
Facebook Live
Facebook Security
2月26日
3 Simple Facebook Security Tips
1) Protect your password. Don't use your Facebook password anywhere else online and never share it. You should be the only one who knows it. Avoid including your name or common words. Your password should be difficult to guess.
2) Facebook will never send you a message or email asking for your login details or credit card number. If someone asks you for this information do not respond or click on any links in their message. Please report the me…… 更多
翻譯年糕

詐騙的畫面

Facebook 廣告
使用說明
管理廣告
帳號設定
帳單
Power Editor
工具
建立廣告
帳號：蔡沛君
你的廣告帳號出現了一些異常活動，因此我們將停止刊登你的廣告，以保護你的帳號。一旦你向我們驗證帳號，我們就會使用你目前的餘額再次開始刊登廣告。
帳單摘要
目前應付金額： NT$0
下次收費： 2016年4月30日
以及在你花費NT$7,660時
付款方式
新增付款方法
編輯付款方式
帳號花費上限
支出金額： NT$0
目前上限：NT$1
交易
過去 30 天
下載所有帳單
以參考編號搜尋
帳單日期
交易編號
產品類型
付款方式
帳單金額
付款狀態

變更花費上限

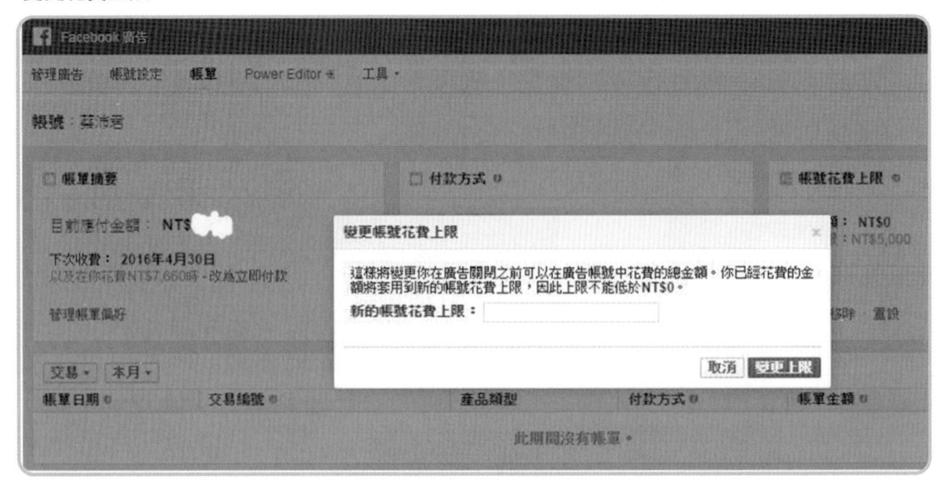

停用廣告帳號

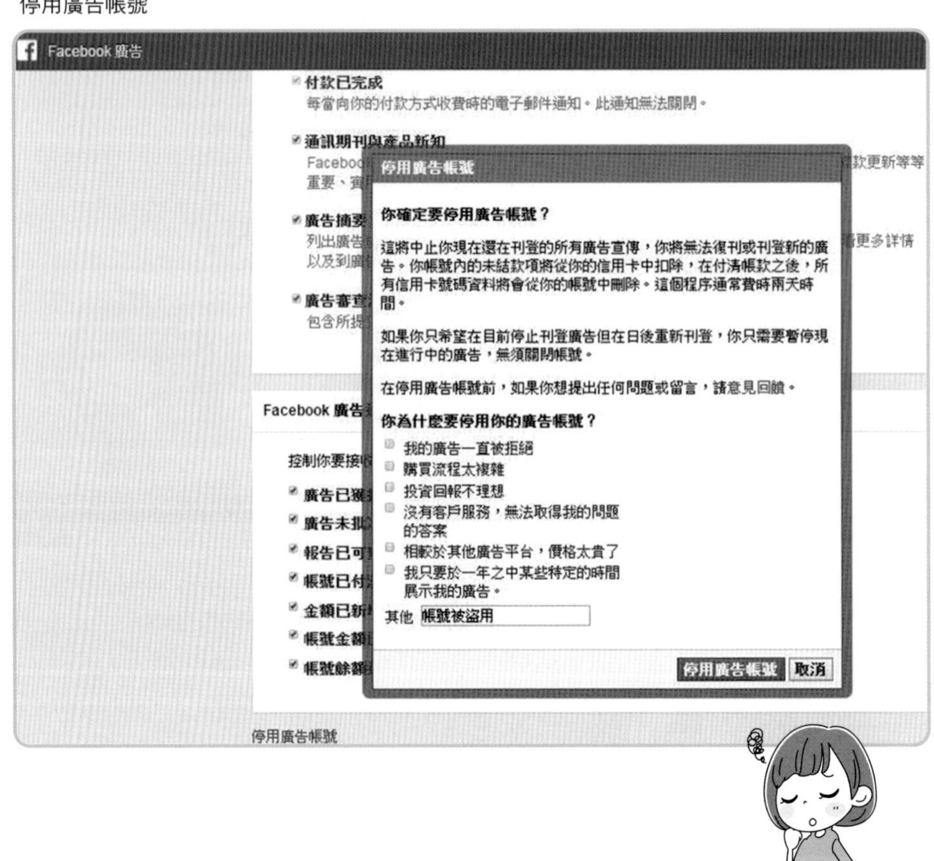

在支援收件匣中通知

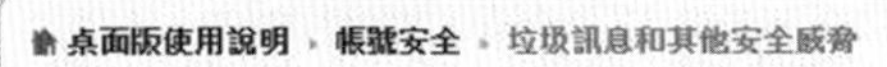

中文(台灣)

- 垃圾訊息
- 廣告軟體
- 惡意軟體
- 網路釣魚
- Sharebaiting
- 自行執行 XSS 詐騙
- Clickjacking
- 不良應用程式
- 存取憑證竊盜
- **可疑電子郵件、訊息及通知**
- 返回

可疑電子郵件、訊息及通知

可疑電子郵件與訊息

› 我收到一封詢問我 Facebook 密碼的電子郵件。

▾ **我收到看似由 Facebook 傳送的可疑電子郵件或訊息。**

有時會有人建立看似由 Facebook 傳送的不實電子郵件。這些電子郵件通常看似：

- 關於交友邀請、訊息、活動、相片或影片的通知
- 關於您未遵守 Facebook 社群守則的不實指控
- 指出如果您不更新帳號或立即採取行動，帳號便會有問題的警告
- 優渥到不太真實的聲明或優惠（如恭喜你贏得 Facebook 彩券。）

如果收到奇怪的電子郵件或 Facebook 訊息，請不要點擊其中的任何連結或開啟任何附件。請向我們檢舉：

- 如果是電子郵件，請轉寄至 phish@fb.com 即可檢舉
- 如果是 Facebook 訊息，請瞭解如何檢舉訊息

Facebook 絕不會在電子郵件中詢問您的密碼，或是以附件形式傳送新密碼給您。

帳號安全設定

一般
帳號安全

隱私
動態時報與標籤
封鎖
語言

通知
行動版
追蹤者

應用程式
廣告
交易付款
支援收件匣
影片

安全性設定

登入警告	任何人從新的裝置或瀏覽器登入你的帳號時接收通知。	編輯
登入許可	為了防止其他人登入你的帳號，使用你的手機多一層保護。	編輯
代碼產生器	當你有需要時，使用你的 Facebook 應用程式取得安全碼。	編輯
應用程式密碼	使用特殊密碼登入你的應用程式，而不是使用你的 Facebook 密碼或登入許可代碼。	編輯
公開金鑰	在你的 Facebook 個人檔案管理 OpenPGP 金鑰並啟用加密通知。	編輯
信賴的聯絡人	萬一你的帳號被鎖住時，選擇可以幫你恢復帳號存取權的朋友。	編輯
你的瀏覽器與應用程式	查看你儲存的瀏覽器中，哪些是你經常使用的瀏覽器。	編輯
你從哪裡登入	查看和管理你目前在哪裡登入 Facebook 帳號。	編輯
紀念帳號代理人	天有不測風雲，人有旦夕禍福。請選擇一位家人或摯友做為你的紀念帳號代理人。	編輯
停用帳號	選擇是否要停用帳號，或繼續使用。	編輯

關於 刊登廣告 建立粉絲專頁 開發人員 工作機會 隱私政策 Cookie 廣告選擇 使用條款 使用說明

facebook

我們該如何提供協助？

桌面版使用說明

中文(台灣)

登入與密碼
Facebook 新手上路
管理帳號
隱私
帳號安全
動態消息
分享
訊息
關係鏈連結
粉絲專頁
廣告
Facebook 手機版
熱門功能
想提出檢舉
安全工具與資源
應用程式、遊戲和付款
個人檔案及動態時報
其他使用說明
互助論壇

停用廣告帳號的協助

此帳號的付款功能未停用。請登入已停用付款功能的帳號，以便我們處理您的申訴。

如果您認為廣告帳號被關閉的處置有誤，請提供更多資訊，讓我們針對問題進行調查，以期重新開啟您的帳號。

這是你的帳號嗎？

- 是
- 否

您最近曾試著在 Facebook 刊登廣告嗎？

- 是
- 否

你最近曾在帳號新增或企圖新增付款方式嗎？

- 是
- 否

傳送

SPAM SPAM SPAM

關於 刊登廣告 建立粉絲專頁 開發人員 工作機會 隱私政策 Cookie 廣告選擇 使用條款 使用說明

Facebook © 2016
中文(台灣)

12-6 其他經驗案例分享（四）—如何避免粉絲團被廣告亂入？

曾經有客戶貼了篇文章給我，是在說讓 Facebook 粉絲專頁成為你的行銷舞臺。然後問：「去別的地方按讚＋留言能增加能見度？」我很想回說，想死嗎？記得我們家自己的 Facebook 粉絲專頁在粉絲數到達 1,000 人時，就發生過被亂入打廣告，而且還是限制級的那種。接下來依懲罰的輕重，依序和大家介紹，如何應付這些沒禮貌的傢伙。

一、關鍵字封鎖

欲減少不適當的內容，你可以新增關鍵字，以封鎖不當內容出現在你的 Facebook 粉絲專頁。如果其中一個關鍵字被用在貼文或留言時，就會自動被標示為垃圾訊息，因而無法顯示在粉絲頁上。

- **設定方式：**從粉絲專頁右上角設定進入，禁用詞語控制編輯，將一些常看到的廣告關鍵詞用語填入，中間用逗號做分隔，如：情趣，AV, 到府，18+, 課程，免費，請洽，體驗，個月瘦，LINE……。然後儲存變更即可。

下一次再有相同狀況時，只有管理者可以看到留言（對話框會比較淡），一般粉絲並不會看到。

二、褻瀆詞語篩選器

你可以選擇是否要封鎖來自你的專頁不敬用語及其封鎖程度。Facebook 會依照由社群標示為最常被檢舉的不敬用字和片語，來決定封鎖的字句。這對不常巡視自己粉絲專頁的人很好用，但是要慎選，以免擋掉不該擋的訊息。

三、黑名單用戶

因為他一直重複出現，所以一定要封鎖啊！從已封鎖中的身分分類找出此人，然後將右方的齒輪符號按下，可選擇解除讚或是移除，選移除後，再選永久封鎖。一旦永久封鎖，將再也不能進到這個粉絲專頁。他也從此完全搜尋不到這個粉絲專頁的訊息。

四、檢舉

若真的遇到：直接威脅、自殘、危險組織、霸凌與騷擾、攻擊公眾人物的內容、犯罪活動、性暴力和性剝削、受管制商品，這些只要 FB 判定會造成實際人身傷害，或對公共安全有直接威脅，就會移除相關內容、停用帳號，並通報執法機關處理。各位請三思後使用。一旦遭受檢舉，FB 會先停用帳號，直待二週內調查是否屬實，若未通過，依然會恢復帳號的使用權。所以若很確定要對對方行使檢舉，相關的文字選擇要夠精準才行。

FB 方面也會寫信回覆處理情況。（會這麼熟，當然是檢舉過，但是這種感覺就像是去警察局報警一樣，還是請大家三思。當初被我檢舉的是聲援鄭捷，大家一起去砍人的粉絲團。）

酸民訊息處理

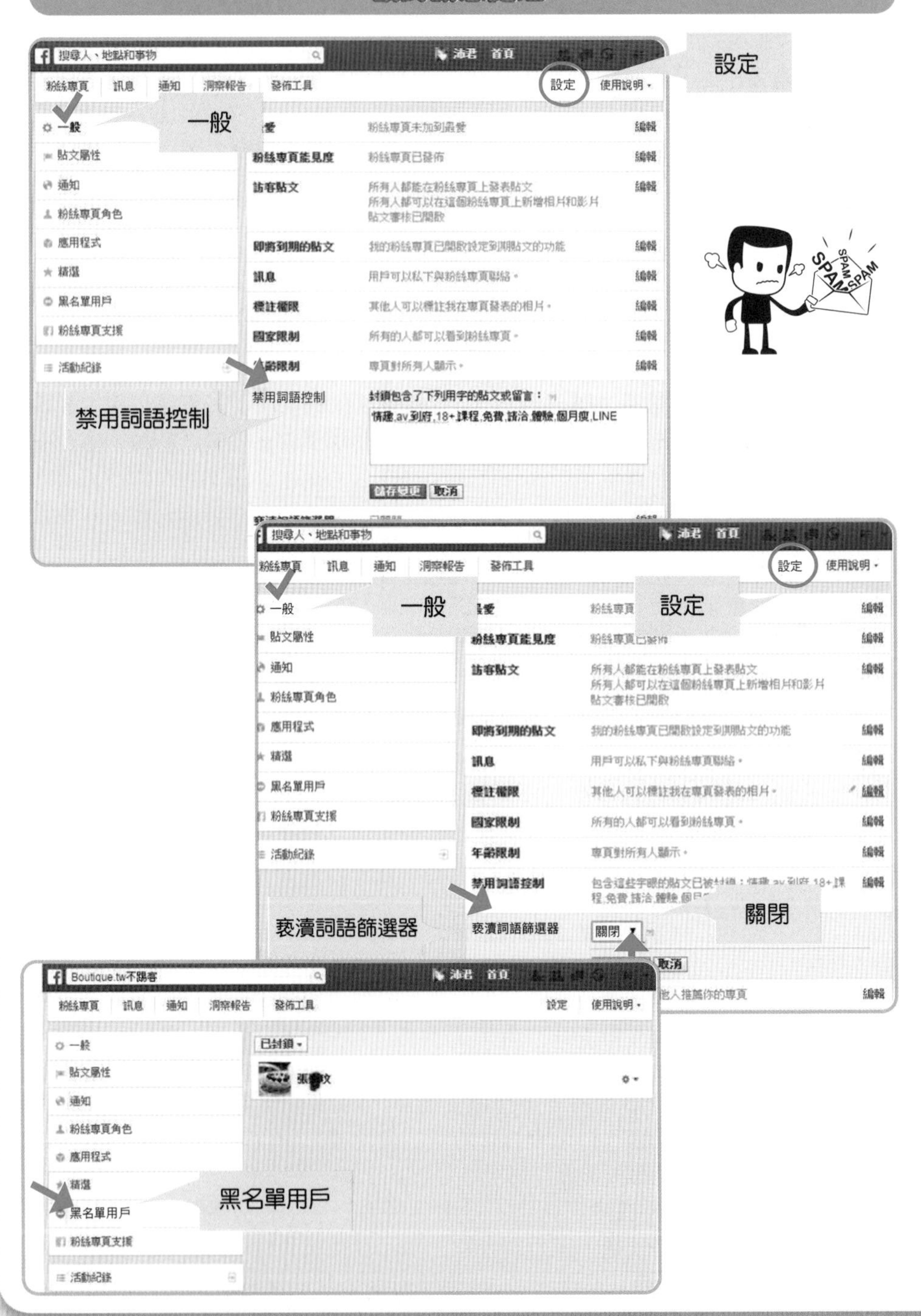
設定
一般
禁用詞語控制
一般
設定
褻瀆詞語篩選器
關閉
黑名單用戶

12-7 其他經驗案例分享(五)——FB粉絲專頁帳號「停權、封鎖、檢舉」狀況處理

先說明，申訴恢復粉絲團帳號後，大約有二週的時間是被嚴密監控的，這時要極為小心，不要犯一點點的錯誤。再來是半年內會被不定時抽查，接下來除非有人檢舉，才會有狀況。

最近鬧了很大的國際笑話，加上身邊有不少人遇到直跳腳，還有走在邊緣講不聽的。為什麼會遇到粉絲團帳號被停權、封鎖、檢舉，其實我覺得跟臉書使用者年齡開始增高有關。

當然我不是要抱怨這些只能待在同溫層的使用者，所以下面以自身遭遇過的狀況跟大家分享。另外，別小看了 AI 好嗎！人家都打贏世界棋王了。

一、停權

這是最嚴重的，基本上就是觸犯了 Facebook 的規定。第一次被警告是因為我直接將下載的影片上傳至粉絲團貼文，這觸犯了著作權。然後我的粉絲團連發文都不行，我趕快寫信去道歉說我是不小心的，以後不會再犯。這個地方只有針對粉絲團頁面有狀況時提出申訴使用，其他不符的事項是不會回覆的。我也曾經誤會狀況而做申訴，不過有詳述情況並且附圖，所以還是有得到正確的回覆。

二、封鎖

一般而言，粉絲團被個人封鎖，是沒什麼影響的，只是當初剛接觸對所有的細節都很在意。其實你只需要討好同溫層的人就好，若是被同溫層的人封鎖或是停止追蹤，或隱藏貼文或取消讚，其實最多的原因是發文次數過多。

三、檢舉

被檢舉其實我難過了很久，最後被我查到檢舉的人，其實就是粉絲團一開團努力的灌人數，其中有很多不是真的受眾。有一些人真的就只想和認識的人有交流而已，不想看的，看到二次就檢舉了。這次申訴時我寫得有點悲情，像是自己不知道做錯了什麼，後來不到 24 小時就開通了，Facebook 也覺得是被濫檢舉。

在這之後，我發現一個心得，就是和這些外國公司打交道，你可以當作跟銀行打交道。所以有什麼可以申請的、加入的，都去辦一辦，我連用不到的 Facebook 的開發人員社團都申請了。後來也許是因為打交道多了，有一些新功能都可以先測試使用，也算是一種收穫。

粉絲團當機處理

讚
追蹤
分享
儲存
編輯建議
建立粉絲專頁
以粉絲專頁的身分說讚
邀請朋友
封鎖粉絲專頁
尋求支援或檢舉粉絲專頁
相片

粉絲專頁
收件匣
通知
洞察報告
發佈工具
設定
使用說明
一般
訊息
編輯粉絲專頁
發文身分
通知
Messenger 平台
粉絲專頁角色
用戶和其他粉絲專頁
粉絲專頁支援收件匣
Facebook 聯絡了你：我需要更改粉絲專頁名稱
Facebook 聯絡了你：我需要更改粉絲專頁名稱
廣告刊登使用說明
Facebook 互助論壇
傳送意見
傳送意見
常見問題：

facebook
我們該如何提供協助？
桌面版使用說明
建立帳號
傳送交友邀請
您的首頁
訊息
相片
影片
粉絲專頁
社團
活動
應用程式與遊戲
Facebook 行動版與桌面版應用程式
有關粉絲專頁的回饋意見
問題
我想提出粉絲專頁問題回報
我對粉絲專頁有回饋意見
傳送

再加一個附註：

粉絲團整個一片空白是真的壞掉了，不是被封鎖什麼的，這時請儘快依照下方圖示的申訴辦法處理，Facebook 才能趕快修復。

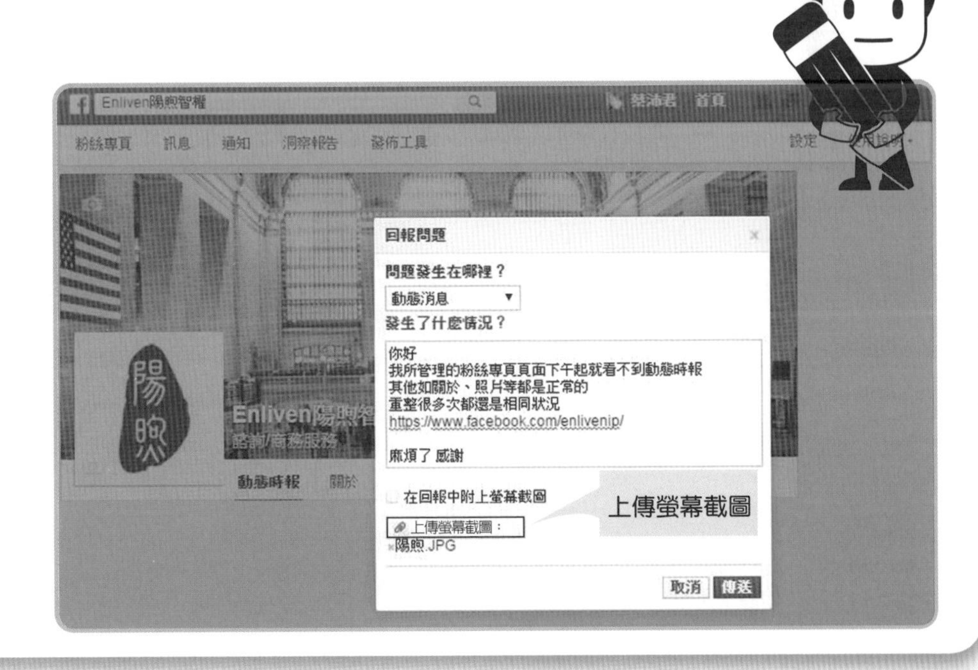

Enliven陽煦智權
楚沛君
首頁
粉絲專頁
訊息
通知
洞察報告
發佈工具
設定
使用說明
廣告商支援
前往使用說明
用戶意見回饋
有關粉絲專頁的回饋意見
您的寶貴意見幫我們改善 Facebook。請盡量詳實描述所遇到的問題。
請注意，這個表格專為傳送有關專頁產品的回饋意見使用，並不是用來：
聯絡粉絲專頁管理員
檢舉濫用的粉絲專頁
尋求如何使用粉絲專頁的協助
問題
我想提出粉絲專頁問題回報
我對粉絲專頁有回饋意見
主旨
描述問題
螢幕截圖
選填項目
選擇檔案 未選擇任何檔案
瞭解如何取得螢幕截圖的步驟
感謝您撥冗回報。我們無法一一回覆，但如果需要更多資訊，會再與您聯絡。
傳送
Enliven陽煦智權
諮詢/商務服務
動態時報
關於
相片
我想提出粉絲專頁問題回報

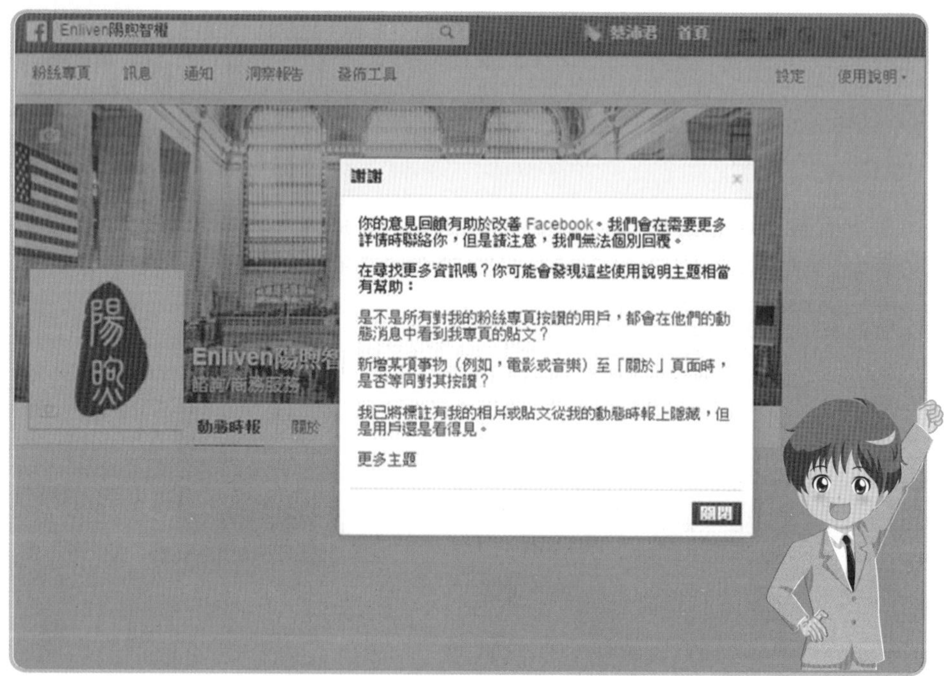

Enliven陽煦智權
楚沛君
首頁
粉絲專頁
訊息
通知
洞察報告
發佈工具
設定
使用說明
謝謝
你的意見回饋有助於改善 Facebook。我們會在需要更多詳情時聯絡你，但是請注意，我們無法個別回覆。
在尋找更多資訊嗎？你可能會發現這些使用說明主題相當有幫助：
是不是所有對我的粉絲專頁按讚的用戶，都會在他們的動態消息中看到我專頁的貼文？
新增某項事物（例如，電影或音樂）至「關於」頁面時，是否等同對其按讚？
我已將標註有我的相片或貼文從我的動態時報上隱藏，但是用戶還是看得見。
更多主題
關閉
動態時報
關於

12-8 其他經驗案例分享(六)—如何處理FB上功能無法運作/被入侵冒名帳號/詐騙

一、粉絲專頁遭他人盜用或控制

1. 如果您無法使用您的粉絲專頁，請先確認是否是粉絲專頁的其他管理員將您移除。最好的解決方法就是聯絡粉絲專頁管理員，要求對方將您重新加入。請注意，粉絲專頁角色各有不同權限，只有管理員可以新增或移除用戶。

2. 粉絲專頁只能經由管理員的個人帳號登入。如果您認為您的粉絲專頁遭他人控制，表示您的個人帳號或是您粉絲專頁管理員的帳號遭到盜用。

如果您發現以下狀況，帳號可能遭到盜用：

- 您的電子郵件或密碼已變更
- 您的姓名或生日已變更
- 帳號已向不認識的人傳送交友邀請
- 帳號已發送不是您撰寫的訊息
- 帳號已張貼不是您建立的貼文

沒有找到正確的地方和方式申訴，Facebook是不會理你的。

所有相關問題請至以下網址處理：https://www.facebook.com/help/

二、回報 Facebook 問題

https://www.facebook.com/help/1126628984024935?helpref=hc_global_nav

FB 更新速度實在超快，所以遇到故障的機會也多了許多，按照經驗，絕對不可能等等就好了。所以，為了不影響作業，要趕快回報問題。

點擊 Facebook 頁面（例如：首頁）右上角的藍色箭頭，選擇回報問題並按照螢幕上的指示操作，請儘量提供細節（例如：附上螢幕截圖和描述）。注意：

1. 只能寄 jpg 檔。
2. 這項程序是用來回報功能故障，檢舉內容或垃圾訊息，它不會理你。

三、檢舉被入侵的帳號或冒用帳號

https://www.facebook.com/help/1216349518398524/?helpref=hc_fnav

有一陣子常常看見朋友的新帳號要求加入，大家都知道是假的帳號了。還曾經遇過我的帳號直接遭盜用，這時處理的步驟是：

1. 若是帳號直接遭盜用，先變更密碼。
2. 檢舉冒用帳號——點擊封面相片上的…，然後選擇檢舉。

四、檢舉詐騙訊息通知

https://www.facebook.com/help/1584206335211143/?helpref=hc_fnav

收到看似由 Facebook 傳送的可疑電子郵件或訊息，不要開啟該郵件／訊息或任何附件。寫信給 FB，寄到：phish@fb.com 或是 Facebook 上顯示的檢舉連結，檢舉網路釣魚電子郵件。

12-9 其他經驗案例分享（七）——其他

一、粉絲專頁無法出現在 Facebook 的搜尋結果中

若您發現粉絲專頁未出現在 Facebook 的搜尋結果中，請務必確認以下事項：

1. 粉絲專頁不得有年齡或國家／地區限制。
2. 您的粉絲專頁已發佈完畢。
3. 粉絲專頁必須擁有大頭貼照、封面相片和行動呼籲按鈕。
4. 您已將基本資料新增至粉絲專頁的關於部分。

請注意，系統可能須數天時間，才會在搜尋結果中顯示您的新粉絲專頁。

二、粉絲頁的動態 po 文不見了

首先建議您清除瀏覽器的歷史紀錄，再重新登入。或者用其他電腦和瀏覽器試試。如果還是一樣，可以依照下面的步驟，直接回報您的問題：

1. 點擊專頁右上角的藍色問號（您自己的專頁上或個人主頁上都有）。
2. 選擇最下面的選項「回報問題」，然後跟著導覽進行操作：
   - 通報功能故障。
   - 向 Facebook 回報問題。

「提供詳細的細節說明來幫助我們找到您的問題（例如：截圖或錄影）。對此，我們由衷的感謝您花時間為我們提供這樣仔細的回報，這對 Facebook 的改進有相當大的幫助。」

小編OS

其實大部分出現狀況，大多是自己沒設定好，回頭查一下，多數情況可以解決，只有少部分真的是系統壞掉，需要回報問題。

官方說明

使用說明　蔡沛君，你好！我們該如何提供協助？　返回 Facebook

首頁　Facebook 使用入門　管理帳號　隱私與網路安全　政策與檢舉　支援收件匣

檢舉濫用
回報 Facebook 問題
回報侵犯隱私事項
被入侵的帳號和不實帳號
管理已故用戶的帳號
上傳身分證件
著作權
商標
關於我們的政策

檢舉 Facebook 上有功能無法運作時，會發生什麼事？

桌面版使用說明　功能手機使用說明　其他使用說明中心　分享文章

Facebook 上有功能無法運作時，我們會想馬上進行修復。既然有用戶向我們回報功能故障，我們就會加以審查，有時還會主動聯繫取得更多資訊以協助我們解決問題。

如果您所回報的功能在支援收件匣中的狀態顯示為已解決，但您仍然遇到同樣問題，請記住以下提示再回報一次：

- 記得要透過正確的管道檢舉帳號問題或濫用內容
- 一看到功能故障請盡快回報
- 請清楚說明發生問題時您正在做什麼，以及我們可以重現此問題的步驟
- 有的話，請附上螢幕截圖
- 此功能實際上可能如預期般運作，所以請查看使用說明以判斷是否屬於這種情況

回報發生的問題有助 Facebook 更臻完美。我們誠心感謝您撥冗提供這些資訊。

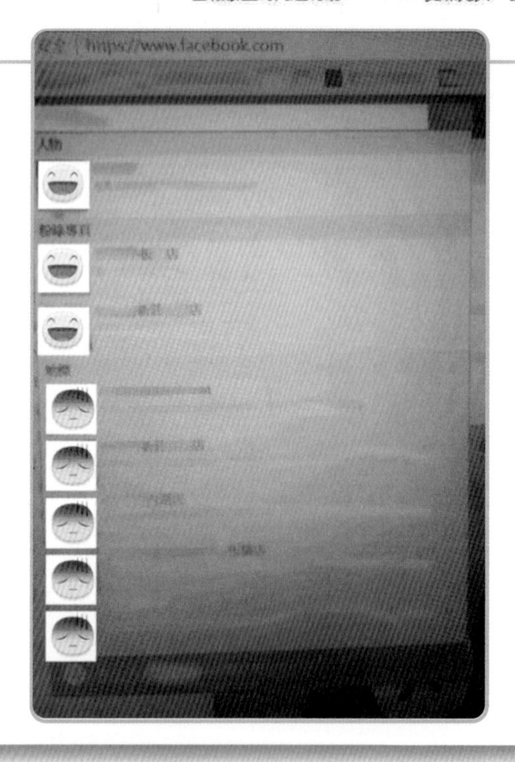

12-10 關於經營粉絲團的暗黑行銷術

在發生這個事件之前，其實我對所謂的「暗黑行銷術」並不排斥，甚至認為有需要的時候用一下有何不可。但是請小心，這些讓平台厭惡至極的「暗黑行銷術」，最後非常可能會害到自己。這是一個最近處理的案例，因為之前有人教他們使用了粉絲專頁的暗黑行銷術。

▪ 粉絲團變地標

以前只有地標有評價的星星時，出現了一種招數，把紛絲團改成「地標」，就可以有別人沒有的星星評價，現在在 Google 依然搜尋得到製作方式。

之後，其實就出現了一個 FB 的應用程式，安裝之後，紛絲團也可以有評價的功能。其實，FB 早就已經開放給工程師們，可以申請自己製作應用程式放上 FB 給人使用，就像是最常有人用的 Woobox、YouTube Tab。接下來就演變成只要是在地商家，就可以在後台選擇啟用這個功能。

而地標呢？ FB 已經停用這個功能了，並且希望粉絲團可以將地標認領回去。所以也就發生了一個情況，這些變成地標的紛絲團，若是沒按讚是看不到畫面的，而且，將網址分享出去時，根本無法點入。

這讓我想起了一個小故事：在加拿大一個禁止釣魚的湖邊，有二個人在偷釣魚，突然警察來了，其中一個人趕緊把水桶踢翻讓魚掉入湖中，另一個人來不及，只能承認自己偷釣魚。結果，只有把水桶踢翻的那個人受到重罰，因為做錯事還掩飾罪行。在歐美的教育就是這樣，鼓勵誠實，偷雞摸狗則會遭受重罰。

現在我們使用的許多平台都是歐美人設計的，這些基本精神必然存在，而且好的觀念應該遵守學習。

很多事情尤其是經營粉絲團，本來就是萬事起頭難，而且粉絲團的經營本來就是曲線成長的，在尚未累積足夠的能量之前，是看不出什麼成效。若只想貪快，最後不過偷雞不著蝕把米罷了。

另外，因為有跟 FB 申訴，雖然還是地標，但是已經可以看得到、搜尋得到了。

從申訴到回覆共歷經 10 天，P.242 附上 FB 提供的功能無法運作時的處理事項。

粉絲團申請修復

我們的回覆

今天

我們已收到您回報的 Facebook 技術問題並正全力進行修復，感謝您在這段期間的耐心等候。我們無法為回報問題的用戶一一提供最新處理進度，但您的意見回饋將有助於我們提升全體用戶的 Facebook 使用體驗。

如有非技術性的問題需要與我們聯絡，請參閱使用說明。

感謝您！

Facebook 團隊

12-11 大咖粉絲團都在使用的聯盟行銷

全聯有幾則粉絲團 po 文每每成為話題，尤其是鉛筆畫的泡麵，下方簡直就是粉絲團小編大集合。這樣的成績並不是憑空得來的，而是有計畫的實踐喔！而後來在當時總裁的一句「年輕人太會花錢」下，粉絲團被塞爆了。接下來的情節，大家都知道了，大多數人不知道的是，後面的鋪陳正是行銷手法的操作。

在事件發酵後，全聯粉絲團被留言罵翻了，然後接下來呢？開始有粉絲專頁來留言要求對小編加薪。後面事件的發展，相信都是行銷公司操作的，各位也可以從貼文下方一堆粉絲團留言研究看看，行銷公司細膩的操作手法。各位猜猜這裡面有多少粉絲專頁和全聯的粉絲團是同一家公司代管的呢？

奧美廣告有一個部門裡頭都是 FB 粉絲團小編，最近因為全聯的 po 文而大曝光。事實上，全聯的粉絲團就是由他們代管的。

一、專業的經營

有專業出手當然不同凡響，但是並不是要告訴大家粉絲團一定要代管才有成效，畢竟對自家商品最了解的是你，對未來走向最清楚的也是你。但是若你真的沒那麼多時間花心思在這上面，還是建議找個專門的人處理。Facebook 粉絲團是要用心經營的，切忌三天捕魚、兩天曬網。

二、異業聯盟

在這篇 po 文下方出現的一大堆粉絲團小編留言，其實大多是他們代管的粉絲團，利用這種方式除了互相增加曝光，也相對的增加話題，讓大家聞風而至。這種互助曝光的方式，其實你也可以做，除了和其他粉絲團互相按讚，也可以一同規劃活動，相互加持。當然啦！相信這裡面並不全然是同一家行銷公司，來湊熱鬧的也有，不過這樣的效益，相信大家都會認同是操作下的結果。

想想看，這樣的操作有誰是輸家嗎？運用粉絲團建立聯盟行銷有什麼好處？

1. 更多的曝光

有梗文，觸及率一定高，粉絲團來底下留言自然可以增加曝光，這是互相幫襯。至於坊間傳聞的，用外掛幫你自動留言的，聽一句勸，那種別去用。

2. 激發活動效益

辦活動須迅速讓訊息持續擴散，除了下廣告之外，聯盟行銷是個好方法。

3. 快速的危機處理

這一次全聯的優良範例就很明白，第一篇正常發文、第二篇道歉文、第三篇幽默文，結束。事實上這樣的聯盟可以視為一群網軍，由各個粉絲團小編領軍，平時各自經營建立忠誠度，有需要的時候出動，以共同目標各自發揮達成目的。很像復仇者聯盟對吧！

聯盟行銷案例

Whoscall 好啦原諒你，那你的小編可以挖腳過來嗎?!~~
讚 · 回覆 · 679 · 5小時
↳ 39則回覆 · 27分鐘

Dcard 來這裡朝聖的各小編也應該要加薪！
讚 · 回覆 · 559 · 5小時
↳ 86則回覆 · 16分鐘

三立新聞 來幫全聯小編加油！辛苦惹QAQ
讚 · 回覆 · 675 · 5小時
↳ 14則回覆 · 7分鐘

三立娛樂星聞 加薪！加薪！加薪！（一起幫全聯小編喊）
讚 · 回覆 · 563 · 5小時
↳ 8則回覆 · 1小時

上班這黨事 了不起，負責 +1
讚 · 回覆 · 274 · 5小時
↳ 5則回覆 · 2小時

AirAsia 小編沒加薪沒關係! 跟我一起出國散心吧 ❤
讚 · 回覆 · 293 · 4小時
↳ 37則回覆 · 12分鐘

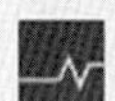
The News Lens 關鍵評論網 ……
編的薪水x3了嗎？
讚 · 回覆 · 235 · 4小時
↳ 7則回覆 · 3分鐘

華視-中華電視公司 大家來集氣小編要加薪！！ 辛苦小編了 拍拍QQ~~
讚 · 回覆 · 697 · 20小時
↳ 4則回覆

植劇場 小編辛苦了！週末記得看植劇場好好休息一下
讚 · 回覆 · 1,379 · 21小時
↳ 37則回覆 · 2小時

Whoscall 全聯小編要不要來我們這邊當小編，每年都會調薪唷~~ 😄
讚 · 回覆 · 1,046 · 19小時
↳ 50則回覆 · 3小時

壹週刊 簽到~全聯小編需要拍拍 ((((老闆加薪吧))))
讚 · 回覆 · 1,685 · 22小時 · 已編輯
↳ 21則回覆 · 7小時

ahq e-Sports Club 不放手，直到小編到手！
讚 · 回覆 · 711 · 18小時
↳ 47則回覆 · 12分鐘

台灣電子競技聯盟 簽到，幫全聯小編 QQ，壓力很大的話可以找我們辦個電競公司盃哦！❤
讚 · 回覆 · 753 · 21小時
↳ 13則回覆 · 4小時

壹電視 Next TV 辛苦了!!!只有小編最懂小編的辛酸阿~（拍拍）
讚 · 回覆 · 815 · 21小時
↳ 16則回覆 · 7小時

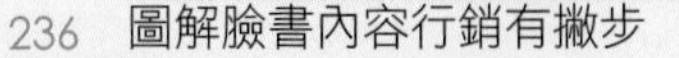

Facebook官方說明——關於著作權

一、我是著作權人，我擁有哪些權利？

身為著作權人，你擁有受法律保障的特定權益，可禁止他人複製或散布你的作品，或將你的作品重製為新的作品。著作權侵權行為通常發生在有人未經著作權人同意從事上述任一項活動時。例如：當其他人上傳您的相片或影片時，就會建立該相片或影片的副本。若是有人將原聲帶中的歌曲用在某部影片中，即使已針對其他服務支付取得該首歌曲副本的費用，也仍然構成著作權侵權行為。如果你擁有著作權，你不僅可授權他人使用您的著作權作品，也可以禁止他人未經授權使用你的著作權作品。

二、著作權的保護期限為多久？

法律並不允許永久的著作權保護期限。作品終究會失去著作權保護，成為「公共領域」的一部分。公共領域裡的著作，任何人皆可自由使用。公共領域之所以存在，是因為「著作權法」的主要目的在於鼓勵人民創作，因此法律賦予著作權人某些權利，但同時這些權利也具有時效性。

這麼做能夠達成一個平衡，使作者有繼續創作的動力，也讓其他人民在著作權超過保護期限後能自由使用著作。諸多因素皆會影響著作成為公共領域的時間，例如：著作首次發佈的時間及地點、著作類型及出版商。舉例來說，伯恩公約（Berne Convention）是國際型的著作權公約，其中說明大多作品的著作權保護期限最少必須為作者死後的50年，但各國家／地區可以自由在當地法律中制定更長的著作權期限。

三、我無意侵權，是否仍有可能侵犯他人的著作權？

一般來說，如果你沒有取得他人許可，就不應使用他人的著作權作品，否則有可能不小心侵犯著作權。請記住，即使在下列情況下，使用他人的內容仍可能構成著作權侵權行為：

- 註明著作權人。
- 加入無意侵犯著作權的免責聲明。
- 聲明自己是合理使用內容。
- 無意作為營利用途。
- 購買或下載該內容（例如：DVD 的副本或透過 iTunes 取得的歌曲）。
- 修改作品或在其中加入您自己的原創素材。
- 從網路上取得該內容。
- 使用自己的攝錄裝置錄下內容（例如：錄下電影、演唱會、體育賽事等）。
- 看到其他人也張貼了同樣的內容。

四、我發佈的影片馬上就被移除了，發生什麼事了？我有哪些選擇？

如果你嘗試發佈一段影片，但影片隨即遭到移除，可能是因為影片被視為可能含有他人受著作權保護的內容。其中可以包括影片或是音訊兩者。如果你的影片因著作權的因素遭到移除，你將會收到有關此移除的相關電子郵件和通知。請使用電子郵件和通知中所提供的資料，了解你有哪些選擇，例如：如果你有使用內容的所有權，即可確認你要發佈該內容。

如果你並未看見有關此移除的相關電子郵件，請檢查你的垃圾信件匣、通知設定，以及其他與你 Facebook 帳號連結的電子郵件地址。

五、由於我發佈的內容侵犯智慧財產權（著作權或商標），因此被投訴並遭到移除。下一步應該做什麼？

當我們收到所有權人的投訴，聲稱Facebook內容侵犯其智慧財產權時，我們可能需要立刻從Facebook移除相關內容，且須事先聯絡你。如果我們基於網路表單的智慧財產權投訴而移除你發佈的內容，你會收到Facebook的通知，其中包含所有權人暨投訴人的姓名和電子郵件地址及／或投訴細節。如果你認為該內容不應遭到移除，可以直接與投訴方聯絡以嘗試解決此問題。

如果你是粉絲專頁的管理員，而其他管理員在專頁上發佈的內容因侵犯智慧財產權，而遭到投訴並移除，則你會收到有關內容遭到移除的相關通知，以及在專頁上發佈該內容的管理員姓名。

六、如果我發佈的內容因重複違反著作權而遭到移除，會發生什麼情形？

基於Facebook的重複侵權政策，如果你不斷發佈侵犯他人智慧財產權的內容，你的帳號或粉絲專頁可能會被停用／移除。你發佈相片或影片的權利可能會遭到限制，你也可能喪失Facebook某些功能的使用權限。該政策會依據投訴內容的性質和地點，而採取不同的處置。

七、如何投訴Facebook上的著作權侵權行為？

如果你認為有人侵犯您的著作權，可以填寫表單向我們投訴。你也可以與我們的指定機關聯絡。若要與我們的指定機關聯絡，請確認在投訴內容中提供完整著作權聲明。在提交著作權侵權投訴之前，你可以傳送訊息給該內容的發佈者。你或許無須與Facebook聯絡，即可直接解決問題。

請記住，只有著作權人或其授權代表能夠提交著作權侵權投訴。如果你認為Facebook上有內容侵犯了他人的著作權，你可以告訴該項內容的著作權人。請注意，我們一般會向你投訴的內容發佈者，提供所有權人的姓名、你的電子郵件地址及投訴細節。如果你是授權代表且要提交投訴，我們會提供擁有相關權利的機構及客戶名稱。因此，建議你提供一般常見的公司或服務單位有效電子郵件地址。

八、何謂合理使用？

合理使用的條文內容指出，在某些情況下，若過於嚴苛的使用「著作權法」，可能會產生不公的狀況，或是可能不當扼殺創意或阻止人民創作原創作品，損害公眾利益。因此該條文允許人民在某些情況下，可不須經過許可使用他人受著作權保護的作品。常見的例子包括：批評、評論、新聞報導、教學、學術交流和研究用途。

合理使用存在於某些國家／地區，其中包括美國。而其他使用相關法律（例如：公平處理）的國家／地區，也允許在某些情形下，使用受著作權保護的作品。由於法律未明文規定合理使用的範圍，因此如果想了解您的行為是否在合理使用範圍內，請諮詢專業律師。

有助於判定合理使用的幾項因素，法律提供了幾項判斷因素讓民眾參考：

- 使用之目的及性質，包括使用行為是否為商業目的或是非營利教育目的。
- 受著作權保護之作品的性質。使用地圖或資料庫等事實性作品，相較於高度創意作品（例如：詩詞或科幻電影），較可能被裁定為合理使用。
- 所使用之質量及其在整個著作所占之比例。僅使用少部分的受保護著作，相較於複製整件著作，較可能被裁定為合理使用。但即使是使用少部分，若使用的部分為著作最重要的部分（著作的「核心」或「精髓」），則較不可能被裁定為合理使用。
- 使用行為對潛在市場或對原著作所帶來的影響。
- 使用行為是否會替代原著作（例如：民眾不再購買或觀看原著作）？若是如此，使用行為將較不可能被裁定為合理使用。

小編OS

從以上說明，可以分享 3 點：

1. 平台（國外）認定的原生內容，和我們國內普世認定的原生內容並不相同，現在沒事，不代表以後會沒事。
2. 平台並不負責處理雙方的法律問題，但是只要違反，還是會下架，倘若情節重大還會被除權。
3. 即使不小心觸犯立刻處理，還是有可能被降權，最無辜的是，比如：客戶上傳違規影片被下架，負責管理的小編我，因為是管理員身分，在下其他家廣告時，審核變得超級久。

Facebook官方說明——封鎖或取消封鎖

建議你封鎖不斷在專頁上發佈垃圾訊息的用戶。你隨時都能選擇取消封鎖這些用戶。從粉絲專頁封鎖用戶時，他們仍能將專頁內容分享到Facebook的其他地方，但無法再於您的專頁發佈貼文、對專頁貼文留言或按讚、管理你的專頁或對專頁按讚。

一、封鎖用戶

有幾個方式可封鎖某人或其他粉絲專頁存取你的粉絲專頁：

1.從對你的粉絲專頁按讚的用戶

- 點擊粉絲專頁頂端的設定。
- 點擊左欄中的用戶和其他粉絲專頁。
- 搜尋你想封鎖的用戶，或勾選欲封鎖用戶姓名旁的方塊。
- 點擊設定，然後選擇從粉絲專頁封鎖。
- 點擊確認。

2.從粉絲專頁貼文的留言

- 將滑鼠移到欲封鎖對象或粉絲專頁的留言上方，然後點擊。
- 點擊隱藏留言。
- 點擊封鎖 [Name]。

3.從你的粉絲專頁訊息

- 點擊粉絲專頁頂端的收件匣或訊息。
- 從左側找出要封鎖的對象的訊息，並點擊該則訊息。
- 點擊上方的操作，然後選擇從粉絲專頁封鎖。
- 點擊確定。

4.你可在粉絲專頁上的貼文或提及你粉絲專頁的貼文，採取以下動作

- 點擊粉絲專頁左欄的貼文。
- 點擊粉絲專頁右側的訪客貼文。
- 點擊欲封鎖對象或粉絲專頁貼文右上方的圖示。
- 選擇從粉絲專頁封鎖並點擊確認。

二、取消封鎖用戶

若要從你的專頁取消封鎖某人：

- 點擊粉絲專頁頂端的設定。
- 點擊左欄中的用戶和其他粉絲專頁。
- 點擊說這粉絲專頁讚的人，並選擇被封鎖的用戶和粉絲專頁。
- 在你想取消封鎖的用戶姓名旁點，擊勾選方塊。
- 點擊，然後選擇從粉絲專頁解除封鎖。
- 點擊確認。

Facebook官方說明——什麼是檢舉？

如果你在Facebook上看到你不喜歡的內容，但相關內容並未違反Facebook使用條款，你可使用檢舉連結來向發佈該內容的用戶傳送訊息，要求其撤下內容。例如：假設有人張貼了一張會讓您覺得尷尬的相片，你可以使用相片上的檢舉連結來向此用戶傳送訊息，並且讓該用戶知道您對此相片的感受。大多數情況下，如果朋友要求取下照片，用戶都會照辦。

在某些情況下（如：霸凌或騷擾），直接聯絡此用戶可能會讓你覺得不舒服。在這些情況下，你可以使用檢舉流程來聯絡父母、老師或值得信賴的朋友。您可以選擇將這些讓你不自在的內容（如：相片、訊息）與值得信任的親友分享。你也可以選擇封鎖該用戶。

向Facebook檢舉時，我們會審查檢舉內容，並移除未遵守Facebook社群守則的任何事項。與相關責任用戶聯絡時，我們絕對不會透露您的姓名和其他個人資料。

請記住，向Facebook檢舉的內容不保證一定會被移除。你可能會在Facebook上看到未違反Facebook使用條款，但你卻不喜歡的行為。檢舉次數不會影響內容在Facebook上的去留，我們只會移除違反Facebook社群守則的內容。

FB 社群守則

被認為會造成實際人身傷害，或對公共安全有直接威脅，我們就會移除相關內容、停用帳號，並通報執法機關處理。

一、直接威脅

我們如何幫助感受到Facebook其他用戶威脅的用戶？

我們會仔細審查帶有威脅言語的檢舉，查明對公眾及個人安全有害的嚴重威脅。我們會移除造成實際人身傷害的具體威脅，同時也會移除導致偷竊、蓄意破壞或其他財務損失的特定威脅。我們會考量用戶的實際地點或公眾知名度等因素，來判斷是否為具體的威脅。對於居住於暴力行為氾濫或局勢不穩之地區的用戶，我們認定其為威脅的機率較高。

二、自殘

我們如何努力協助防止自殘與自殺行為？

我們不允許倡導自殘或自殺行為的內容。我們與世界各地的多個組織合作，為身處絕境的人提供援助。我們禁止倡導、鼓勵自殺或任何其他自殘形式的內容，包含自我傷害與飲食失調。整型不被視為自殘行為。我們也會移除會透露自殘、自殺受害者或自殺未遂當事人的內容；試圖以嚴肅或幽默態度攻擊這些人的內容，也會一律遭到移除。不過，用戶可以在不倡導自殘與自殺的情況下分享相關資訊。

三、危險組織

Facebook嚴格禁止的組織類型。

我們不允許涉及以下活動的組織出現在Facebook上：

- 恐怖活動。

・組織性犯罪活動。

我們會移除對涉及上述暴力或犯罪行為的社團表示支持的內容，也不允許出現支持或讚賞這類組織領導人或寬恕其暴力活動的言論。我們歡迎用戶對普遍性的議題踴躍發表意見和社評，但請務必考慮到暴力行為和歧視言論受害者的感受。

四、霸凌與騷擾

我們如何因應霸凌與騷擾？

Facebook不容許霸凌或騷擾事件。我們允許用戶自由發表與公共議題和人物相關的言論，但故意貶抑或羞辱個人的內容則會遭到移除。這些內容包括但不限於：

・指明羞辱個人的粉絲專頁。
・貶抑個人的修圖。
・張貼羞辱受害者的肢體霸凌相片或影片。
・藉由散布個人資訊達到勒索或威脅目的的內容。
・針對其他用戶不斷發出對方不想要的交友邀請或訊息。

我們對「個人」的定義，是指從未透過個人行為或公開職業而引起新聞媒體關注或公眾興趣的對象。

五、攻擊公眾人物的內容

Facebook為公眾人物提供哪些保護？

對於出現在新聞上或擁有廣大支持群眾的人士，我們允許用戶針對這些人的職業或從事的活動進行批判性的公開討論。至於針對公眾人物的具體威脅以及直指他們的仇恨言論，我們都會加以移除。

六、犯罪活動

Facebook如何處理犯罪活動的檢舉事項？

我們禁止透過 Facebook 鼓勵或發起會對用戶、企業或動物造成傷害，或是對用戶或企業造成財務損失的犯罪活動。只要我們認為會造成實際人身傷害，或對公共安全有直接威脅，我們就會通報執法機關處理。

我們也禁止用戶頌揚自己曾犯下的任何罪行。不過 Facebook 允許用戶對犯罪活動的合法性提出正反辯論，以及帶有博君一笑或諷刺目的的表達方式。

七、性暴力和性剝削

我們如何防治出現在 Facebook 上的性暴力和性剝削？

我們會移除有關性暴力或性剝削的威脅或推廣內容，這包括對未成年人施加性剝削和性侵犯的內容。Facebook 對性剝削的定義，包括性誘惑的內容、涉及未成年人的色情內容、揚言分享親密照的威脅內容，以及提供色情服務。在適當的情況下，我們會將該內容通報執法機關處理。色情服務包括提供性交易服務、伴遊服務、色情按摩以及拍攝色情影片。

八、管制商品

我們禁止任何個人購買、販售或交易處方藥物、大麻、槍枝或彈藥。如果您所發佈的優惠內容與購買或販售酒類、菸草或情趣商品有關，我們期望您確實遵守所有適用法律，並謹慎考量該內容的分享對象。我們不允許您使用 Facebook 付款工具於平台上販售或購買管制商品。

第十三章
寫給初學者的注意事項

- 13-1 Facebook 粉絲專頁命名注意事項
- 13-2 Facebook 粉絲專頁改名注意事項
- 13-3 清楚設定粉絲團類別
- 13-4 設定及角色注意
- 13-5 如何增加第一批粉絲
- 13-6 以粉絲專頁或個人身分按讚或留言
- 13-7 缺乏一般應有功能處理
- 13-8 IG與FB合併
- 13-9 如何將個人帳號轉成粉絲專頁
- 13-10 粉絲專頁品質
- 13-11 規劃工具

13-1 Facebook粉絲專頁命名注意事項

根據 Facebook 官方網站明訂允許的粉絲專頁名稱：

一、粉絲專頁名稱必須正確反映專頁本身

請記住，只有授權代表可為品牌、地標、組織或公眾人物管理粉絲專頁。

二、粉絲專頁名稱不可包括的字詞

・濫用或侵犯他人權利的詞彙或詞句。

・不當大寫。粉絲專頁名稱如為英文，必須使用合宜、文法正確的大寫字母，並且除了縮寫之外，不得全部使用英文大寫字母。

・符號（例如：®）或不必要的標點符號。

・過長的說明，例如：一串標語。粉絲專頁管理員可以將此資訊新增至專頁的關於部分。

・「Facebook」一詞的任何變化形。若要了解更多資訊，請前往品牌資源中心。

・誤導字詞。如果粉絲專頁不是某品牌、地點、組織或公眾人物的官方粉絲專頁，那麼該粉絲專頁名稱不能讓他人誤以為是官方粉絲專頁，或以為是由授權代表所管理的專頁。

三、粉絲專頁名稱不可僅由下列所組成

・通用詞（例如：比薩）。只有相關主題的官方代表，才能管理粉絲專頁。

・通用地理位置（例如：紐約）。但是，您可以建立能代表地理位置之組織的粉絲專頁名稱。例如：「New York City – Mayor's Office」（紐約市－市長辦公室）和「Queen Elizabeth II of Great Britain」（大不列顛女王伊莉莎白二世），均是可接受的粉絲專頁名稱。

小編OS

粉絲團名稱的規定其實改過很多次了，目前抓到的定律是，在臉書剛更改規則時，改名最容易，不然平時若改名次數多的，通常審核都不會通過。

粉絲團注意事項

地方性商家或地點

粉絲團

品牌或商品

表演者、樂團
或公眾人物

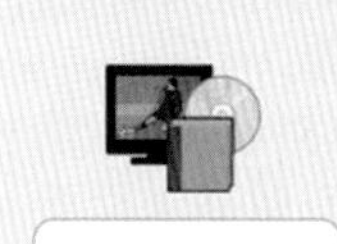

娛樂

理念倡議或社群

命名注意

此為美國正式
授權粉絲團

與公司或商品
名稱**相關**的
主題最佳

13-2 Facebook粉絲專頁改名注意事項

原本 Facebook 粉絲專頁超過 200 名粉絲就不能改名了，現在終於只要申請審核通過就可以改名了。想要改名的人，可以從「關於」的地方更改就行了，除此之外還會回信。不過，還是有限定要改必須和原本名稱有關聯才行，當然，還是可以申訴的。還有，若不成功，短期內也不能再更改名稱。

一、根據 Facebook 官方網站明訂，允許變更粉絲專頁名稱的方式

1. 必須是管理員，才能要求變更粉絲專頁名稱。
2. 點擊粉絲專頁左側的「關於」。
3. 點擊粉絲專頁名稱旁的編輯。
4. 輸入新的粉絲專頁名稱，然後點擊繼續。
5. 檢視您的要求內容，然後點擊要求變更。

二、如果無法變更專頁名稱

1. 查看你的粉絲專頁角色。
2. 你或其他管理員近期曾變更過專頁名稱。
3. 你的所在地區尚無法使用此選項。
4. 你的粉絲專頁可能有某些限制。

三、注意事項

1. 變更粉絲專頁名稱不會影響其用戶名稱。
2. 你無法更改全球專頁之下的區域專頁名稱。

然而改名字就像是讓人重新認識你一樣，不想認識你或沒有認同感的人，這時候是會退讚跑光的。所以，一開始名字沒取好又不想重新開粉絲團的人，還請三思。尤其是在 Facebook 粉絲專頁上，直接寫個某某某有限公司，對客戶、尤其是想開發的潛在客戶而言，一點認同感都沒有。

四、變更粉絲專頁名稱審核不通過原因

1. 你所提出的名稱似乎未能符合 Facebook 粉絲專頁名稱準則。

2. 提出的名稱暗示粉絲專頁的主題已改變，而這會對專頁粉絲造成混淆。

3. 若你提出的名稱變更要求容易對用戶造成誤導，則會違反 Facebook 名稱準則（例如：將「我愛紐約」變更為「我愛舊金山」）。

4. 如果名稱變更要求只是移除粉絲專頁名稱中的說明文字，則不會違反 Facebook 準則（例如：將「王小明，健身教練」變更為「王小明」）。

5. 若要申請符合準則的新粉絲專頁名稱，請前往粉絲專頁的「關於」部分，點擊左欄的「專頁資訊」，然後點擊目前專頁名稱旁邊的編輯。

6. 如果你認為所提出的名稱符合準則規定，可以向 Facebook 提出重新審查先前決議的要求。

改名位置

要求新的粉絲專頁名稱

你的粉絲專頁名稱應該精準地反映粉絲專頁的內容。我們將審查名稱變更，以保護 Facebook 粉絲專頁所代表之公司、品牌和組織的身分。

目前的粉絲專頁名稱 驚嚇陰屍路

新的粉絲專頁名稱 驚嚇陰屍路官方粉絲團 還剩 45 個字元

「驚嚇陰屍路官方粉絲團」是無效的命名。請選擇另一個名稱，再試一次。了解更多。

Facebook 粉絲專頁命名指

✓ 建議事項

- 使用的名稱精準地代表頁的相關內容。
- 與公司、品牌或組織的名稱一致

或組織，誤導用戶。

- 包含「Facebook」一詞的任何變化形，或是包含「官方」一詞。
- 使用的詞彙或用語可能會冒犯他人或違反其他人的權利。

如需更多資訊，請查看我們的粉絲專頁命名指南。

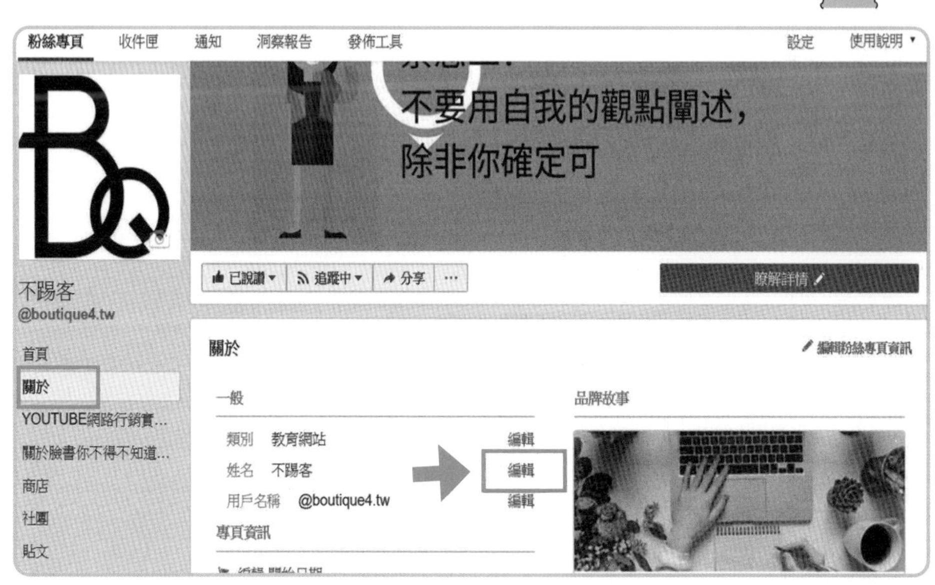

13-3 清楚設定粉絲團類別

依照不同的粉絲團類別，Facebook 為每個粉絲團儘可能的給予個人化的服務。剛開始或許還有 5 個貼文小功能是大家都一樣的，不過，既然個別化開始啟動了，應該之後會越來越不同吧！

這當中都一樣的 5 個是：分享相片或影片、建立活動、建立優惠、接收訊息、為企業刊登廣告。

依照以上的粉絲團觀察，粉絲數和是否有較多的貼文小功能並無太大關係，反倒與粉絲團類別夠不夠清楚，比較有關係。

這可以從二個層面來看：

一是關於裡面的類別。以前這裡是不能變更的，現在可以選擇 3 個類別。

二是平時的貼文與類別的相關度高不高。也就是說，若你還是按照自己方式隨興貼文，FB 會覺得或許你類別設定得不夠正確，而無法確認該給你哪一種不同的小功能。

另外，從 Facebook 的官方說明表格中會發現，不同的類別會提供不盡相同的功能。若有你想要用的，或者是你希望擁有所有的功能，那麼最好是將粉絲團類別設定成：「公司及組織或本地企業」。

	書籍及雜誌、品牌及產品	公司及組織	本地企業	電影、音樂、電視	人物、運動	網站及部落格
簡述	✓	✓	✓	✓	✓	✓
網站	✓	✓	✓	✓	✓	✓
服務業	✓	✓	✓	✓	✓	✓
評分及評論	✓	✓	✓	✓	✓	✓
電子郵件		✓	✓	✓	✓	✓
電話		✓	✓	✓	✓	✓
地址		✓	✓		✓	✓
地圖		✓	✓		✓	✓
營業時間		✓	✓		✓	
打卡次數		✓	✓			

所以，上頭有你想要而沒有的嗎？好好設定一下你的類別喔！

小編OS

目前功能會越來越多，而且也更多元。主要是為了讓一直被調降的觸及能有被彌補的方式。新的貼文方式也的確有提供較多的觸及，所以發現有新工具，就得趕緊試玩看看喔！

類型注意

關於中的類別請寫滿三個

粉絲專頁亦可以選擇類型，在設定中的範本和頁籤

13-4 設定及角色注意

一、設定注意

1. 粉絲專頁能見度

通常剛開設粉絲團時，並不會將粉絲專頁能見度立即打開，至少要將封面、大頭貼、關於設定好，放上 1~3 篇貼文後，才會開門見客及開始加粉絲。

2. 用戶評價

若你是有商品或服務在販售的，建議可以開啟，這是讓粉絲按星星及寫評價用的。但若自知評價不會多好，那就別開了。

3. 國家限制

曾經遇過客戶是內銷的代理商，規定只能在臺灣地區販售，所以必須在此做限制。

4. 合併粉絲專頁

若需要合併粉絲專頁時，必須粉絲數多的併粉絲數少的。若你的粉絲有上千，在合併時會分批匯入，需要一些時間。

二、角色注意

粉絲專頁在設定管理角色時須注意的是，做什麼事情就給予什麼角色權限。若不清楚，最多給予編輯即可。管理員的角色授權請千萬小心，因為已經不只一次遇過授權過高，最後粉絲團整個被帶走。原本的所有粉絲也回不來了，最後只能重新開立一個新的粉絲團。

再次重申，臺灣並沒有 Facebook 的分公司，要證明，光是信件往返都要很久，更何況若對方也是管理員，即代表他也是擁有者之一，加上發文作者幾乎都是代管的人，而不是你自己，在 Facebook 審查中是很難證明你才是真正的擁有者。所以，就算要走法律途徑也沒用。

小編OS

我想這是商家最悲戚的故事了，曾經代為處理了好幾個月，最後依然要不回來，所以別想了，找誰都沒用，只有直接重開一途。

設定注意

- 相關資料完成後即可發布

用戶評價

- 是否需要口碑，對商品的信心度

- 排除廣告

最愛	粉絲專頁未加到最愛	編輯
粉絲專頁能見度	粉絲專頁已發佈	編輯
訪客貼文	所有人都能在粉絲專頁上發表貼文 所有人都可以在這個粉絲專頁上新增相片和影片 貼文審核已開啟	編輯
用戶評價	評論功能已關閉	編輯
訊息	用戶可以私下與粉絲專頁聯絡。	編輯
標註權限	其他人可以標註我在專頁發表的相片。	編輯
其他人可以標註此粉絲專頁	用戶和其他粉絲專頁都可以標註我的粉絲專頁。	編輯
國家限制	所有的人都可以看到粉絲專頁。	編輯
年齡限制	專頁對所有人顯示。	編輯
禁語詞語控制	包含這些字眼的貼文已被封鎖：情趣,av,到府,18+課程,免費,諮洽,體驗,個月瘦,line	編輯
褻瀆詞語篩選器	已關閉	編輯
類似的粉絲專頁推薦	選擇是否要向他人推薦你的專頁	編輯
用多種語言撰寫貼文	用多種語言撰寫貼文的功能已關閉	編輯
留言排序	預設會顯示與粉絲專頁最相關的回應。	編輯
內容傳播	允許下載到 Facebook。	編輯
下載粉絲專頁	下載粉絲專頁	編輯
合併粉絲專頁	合併重複的粉絲專頁	編輯
移除專頁	刪除粉絲專頁	編輯

角色注意

粉絲團角色分層設定

	管理員	編輯	版主	廣告主	分析師
管理粉絲專頁的角色與設定	✓				
編輯粉絲專業及新增應用程式	✓	✓			
以專頁身分建立和刪除貼文	✓	✓			
以專頁身分傳送訊息	✓	✓	✓		
回應和刪除粉絲專頁中的留言與貼文	✓	✓	✓		
從粉絲專頁移除和封鎖用戶	✓	✓	✓		
刊登廣告	✓	✓	✓	✓	
查看洞察報告	✓	✓	✓	✓	✓
查看誰以粉絲專頁的身分發佈內容	✓	✓	✓	✓	✓

13-5 如何增加第一批粉絲

許多一開始接觸粉絲專頁的人，都有一個共同的問題——第一批粉絲哪裡來？粉絲團的粉絲不是越精準越好，加親朋好友是對的嗎？

Facebook 官方說明：如何擴增粉絲專頁的粉絲人數

一、邀請朋友

一開始，你可以想想生活中有哪些人會真的有興趣了解您的業務，然後邀請對方對你的 Facebook 粉絲專頁按讚，讓他們與你的貼文互動以及分享你的內容，成為你最有力的後盾。這些從一開始就參與互動的粉絲最了解你的企業，可協助您建立良好信譽、迅速打開知名度。

二、廣邀顧客來按讚

邀請有業務往來的人對你粉絲專頁按讚的方法相當簡單，你只需要上傳對方的電子郵件地址，或是從常見的電子郵件服務（例如：iCloud、Outlook 和 Yahoo）匯入聯絡人即可。

是的，Facebook 認為有某些相同興趣的人才會成為朋友，Facebook 也是基於這樣的想法來歸納它的受眾，而且一開始連你認識的人都不支持你，說服陌生人不是更難。

通常在上運用手機經營粉絲團的課程時，我很喜歡要求學員們，運用手機可以將 FB 連結分享到 LINE 上的特性，分享到人多的群組，請群組的人幫你按讚，每次都可以增加數十位，成效相當好。

那麼接下來呢，Facebook 有沒有第三招？其實你應該猜得到，Facebook 通常到後面會說的就是：刊登廣告——推廣你的粉絲專頁。

三、如何邀請朋友對我的粉絲專頁按讚

若要邀請朋友對你的粉絲專頁按讚，點擊你粉絲專頁封面相片下方的「選擇邀請朋友」，點擊「搜尋所有朋友」來選擇朋友名單，或在搜尋方塊中輸入朋友姓名，點擊你想要邀請的朋友姓名旁的「邀請」，前往邀請頁籤後，便可找到專頁邀請。

小編OS

若你不願意這麼做，那就只有下廣告一途了！別想辦活動可以收集粉絲，都沒人的話，辦活動是要給誰看呢！

13-6 以粉絲專頁或個人身分按讚或留言

一、以粉絲專頁身分在其他專頁的貼文按讚或留言

你必須是專頁管理員、編輯或版主，才能以專頁身分在其他專頁的貼文上按讚或留言。如果你是專頁管理員或編輯，你或許可以透過粉絲專頁的身分，在另一個專頁的動態時報上發佈貼文（依此專頁的設定而定）。

・ **若要以粉絲專頁身分對其他專頁的貼文按讚或留言：**

1. 前往你想按讚或留言的專頁貼文。
2. 在貼文右下角點擊你的大頭貼照。
3. 選擇你想要以之按讚或留言的專頁身分。
4. 對貼文按讚或留言。

・ **若要以粉絲專頁身分在其他專頁的動態時報上發佈貼文：**

1. 前往你想發佈貼文的粉絲專頁。
2. 在發佈方塊右上角點擊你的大頭貼照。
3. 選擇要以之發佈貼文的粉絲專頁身分。
4. 建立貼文，然後點擊發佈。

注意：個人檔案與粉絲專頁有所不同，後者可用於代表品牌、企業或理念。雖然你能以粉絲專頁身分在其他專頁上發佈貼文、按讚或留言，但你無法以相同方式在其他用戶的個人檔案上進行互動。

二、以個人身分在自己專頁按讚或留言

通常粉絲專頁建立之後，你每次進入自己的粉絲專頁，身分設定若是粉絲團身分，可以進入設定更改。

・ **以 xxx 粉絲團身分發佈**

依預設，你在此粉絲專頁動態時報上的貼文、按讚和留言，都歸粉絲專頁所有。在建立或回覆貼文時，仍可選擇以你個人或其他管理的專頁身分發佈。

・ **以個人的身分發佈貼文**

依預設，你在此粉絲專頁動態時報上的貼文、按讚和留言，都歸你所有。在建立或回覆貼文時，仍可選擇以此粉絲專頁或其他管理的專頁身分發佈。

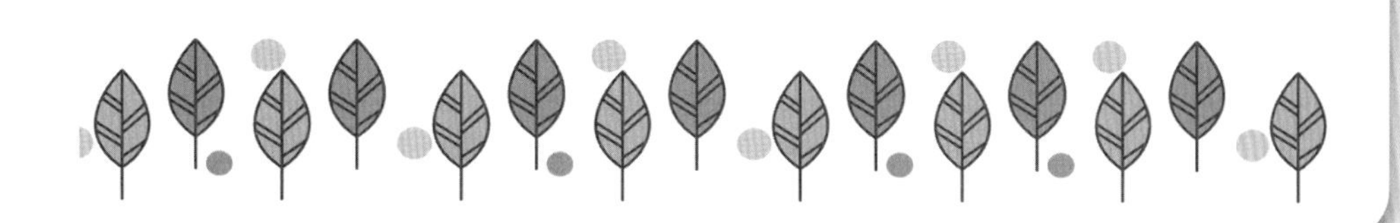

13-7 缺乏一般應有功能處理

粉絲團若缺乏一般應有功能怎麼辦？

你應該要手動升級 Facebook 應用程式。

一、如何下載 Windows 桌面版 Facebook 應用程式？

Windows 桌面版 Facebook 是一款桌面應用程式，讓你可以在 Windows 電腦上使用 Facebook。若要下載 Windows 桌面版 Facebook 應用程式：

- 前往 Windows 應用程式市集。
- 搜尋「Windows 桌面版 Facebook」。
- 下載應用程式。

注意：只有 Windows 10 可以使用 Windows 版 Facebook。

如果無法升級 Windows 桌面版應用程式，請先解除安裝目前的應用程式，然後從 Windows 應用程式市集重新安裝最新版應用程式。

二、手機通用版 Facebook 應用程式

什麼是「手機通用版 Facebook」？如何取得？

「手機通用版 Facebook」是適合功能手機使用的 Facebook 應用程式，速度比行動版網站（m.Facebook.com）更快，且使用上更貼近智慧型手機應用程式。若手機非 iOS 或 Android 系統，則大多為功能手機。

若要取得「手機通用版 Facebook」：

- 從你功能手機的行動網路瀏覽器前往 m.Facebook.com。
- 點按使用行動版 Facebook，以加快瀏覽速度。如果你是登入 Facebook 帳號的狀態，請捲動至畫面底部，並點按安裝 Facebook 到你的 [mobile phone]，瀏覽更快速。
- 按照畫面上的步驟下載應用程式，你也可以針對「手機通用版 Facebook」向我們提供意見回饋。

注意：「手機通用版 Facebook」僅適用於支援 Java 的功能手機。若要了解你的手機是否支援 Java 的功能，請與你的行動電信業者聯絡。

三、如何找到手機版的 Facebook 應用程式和升級的最新版本？

前往手機版 Facebook 頁面或造訪你的手機應用程式商店（例如：APP Store 或 Google Play）。你可於此查看應用程式的最新消息，及安裝最新版本。

（Facebook 官方說明）

13-8 IG與FB合併

Instagram 與 Facebook 合併有什麼好處？

1. 可以同時一起發佈貼文。
2. 可以一起評估動查報告。
3. 可以同時下廣告。
4. 可以在同一處回覆私訊訊息。

想要使用這項功能必須先有下列三項前提：

一、IG 的帳號必須轉換成 Instagram 專業帳號

1. 必須在想要連結的粉絲專頁擔任管理員
2. 前往個人檔案。
3. 選擇編輯個人檔案。
4. 選擇「切換為商業帳號」。
5. 選擇一個類別。
6. 按「確定」即可轉換。

二、從 Instagram 專業帳號連結至管理的 Facebook 粉絲專頁

1. 必須在想要連結的粉絲專頁擔任管理員。
2. 前往個人檔案，然後點三條線。
3. 點按「設定」。
4. 點按「帳號」→ 帳號管理中心 → 新增帳號。
   若尚未登入，請輸入您的 Facebook 登入資料。
   在預設情況下，Instagram 帳號會連結至個人的 Facebook 個人檔案。

三、從 Facebook 粉絲專頁連結至管理的 Instagram 專業帳號

也可以從粉絲專頁做連結：

1. 從「設定」→ 進 Instagram。
2. 在連結的 Instagram 帳號中輸入 IG 的帳號名稱。

將IG帳號轉為商業帳號

1. 從個人帳號

2. 從設定

← 帳號
我的珍藏
摯友
語言
字幕
瀏覽器設定
聯絡人同步
分享到其他應用程式
行動數據使用
原始貼文
申請驗證
你說讚的貼文
品牌置入工具
切換為專業帳號

3. 商業／創作者

←
選擇類別
選擇最能描述你工作內容的類別。你可以選擇要在 Instagram 個人檔案上顯示或隱藏此資訊。
Search Categories
建議
艺术家
歌手/乐队
博客作者
服装（品牌）
社群
数字内容创作者

商業帳號V.S.創作者帳號

← 設定

搜尋

追蹤和邀請朋友

通知

商業

隱私設定

帳號安全

廣告

付款

帳號

使用說明

← 創作者

推廣活動付款

品牌置入內容

預存回覆

連結或建立

年齡下限

設定 Instagram 購物功能

← 商業

推廣活動付款

品牌置入內容

預存回覆

年齡下限

設定 Instagram 購物功能

從FB串聯

- 必須在想要連結的粉絲專頁擔任管理員

1. 到粉絲專頁設定 > Instagram

連結到 Instagram

取得額外功能以觸及你社群的更多成員。

將 Facebook 粉絲專頁連結到 Instagram 帳號。 瞭解詳情

連結帳號

視你 Facebook 粉絲專頁和 Instagram 帳號的管理人員權限而定，他們可以協助管理的項目包括：

- 內容、廣告和洞察報告
- 訊息和留言
- 設定和權限

你稍後可以在 Facebook 粉絲專頁設定查看角色。

13-9 如何將個人帳號轉成粉絲專頁

將你的個人帳號轉換為粉絲專頁，使用你的個人帳號資訊建立新的Facebook 粉絲專頁。你只可以將個人檔案轉換成粉絲專頁一次。

若你選擇將個人帳號轉換為粉絲專頁：

・轉換後，你將擁有個人帳號和粉絲專頁。

・FB 會將你的大頭貼照和封面相片轉移至粉絲專頁。

・你個人帳號上的姓名，將成為粉絲專頁的名稱。

・轉換後 14 天內，你可以使用工具將個人檔案資料轉移至粉絲專頁。

・你從個人檔案選擇的朋友，將自動對你新的粉絲專頁按讚，但你個人檔案上的貼文無法轉移至新的粉絲專頁。

・你可以透過個人帳號管理粉絲專頁。

小編OS

目前這個功能被評價為無用功能，大概只有對部落客或名人才有效益吧！不過因為名人追蹤人數多卻又不能轉成按讚粉絲，加上觸及低，所以用的人也不多。

13-10 粉絲專頁品質

可能是太多人違規之後，不知道問題在哪裡？如何處哩？所以才會新增了這個功能。若是覺得粉絲團突然被降觸及，或是無法發文等等，第一個動作可以先到「粉絲專頁品質」看看，是否哪裡有問題？

如果是綠燈——就是粉絲專頁沒有問題。

如果是黃橘燈——就是有違反社群守則的情況，這時先針對問題做出修正，之後再申訴即可。

如果是紅燈——則是已經被處罰了，這時只能等處罰完畢才能再處理。

而且，包含廣告違規而被處罰，也是一樣可以從這裡看到的。

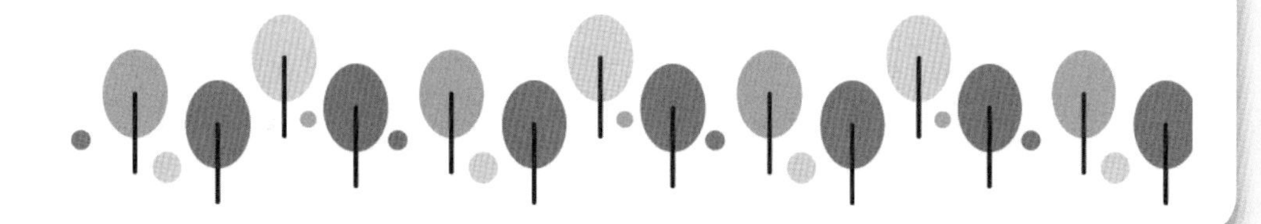

13-11 規劃工具

規劃工具就像是行事曆，可以在上面規劃一周或一個月的貼文，除此之外，這裡也會有最多人觀看貼文的時間建議，還有台灣常使用的節日提示。

另外，若不只一人管理粉絲團，也可以利用規劃工具管理，很方便。

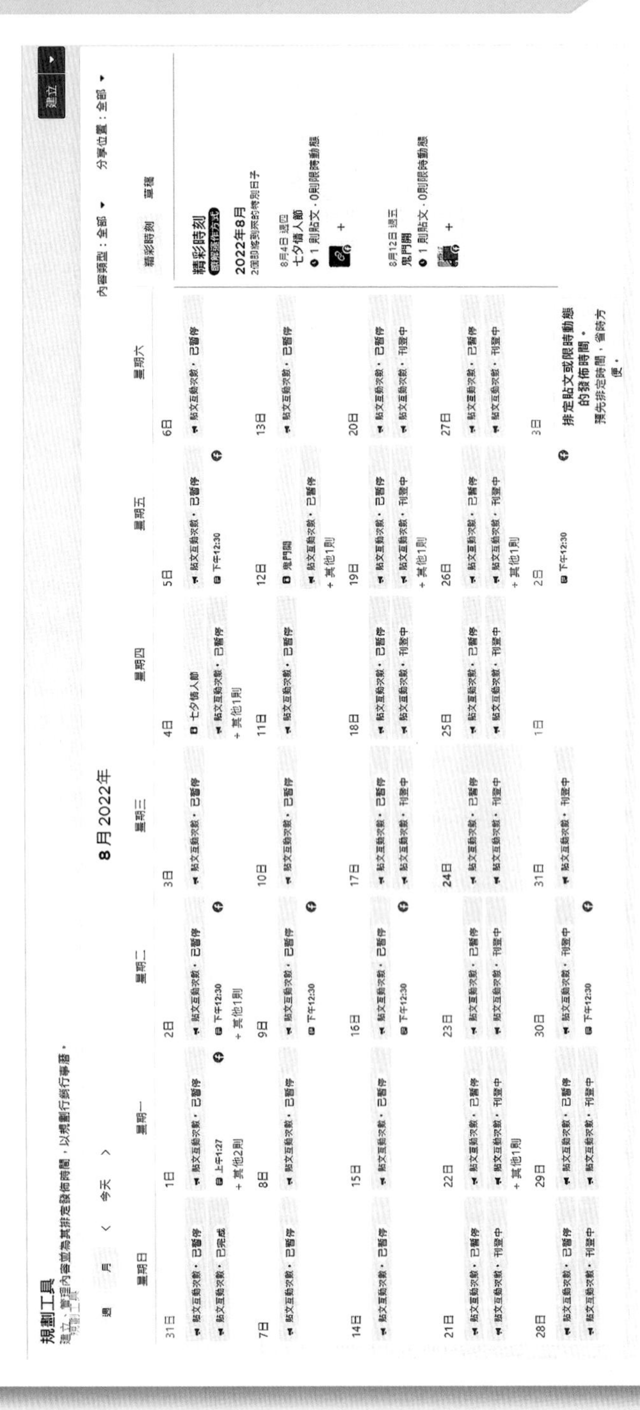

後記

NOKIA 說過「科技始終來自於人性」。

社群的經營，說穿了就是在經營人與人之間的關係。人們因為忙碌、因為害怕受傷而躲到機器後面，然而這樣就不用和人經營關係了嗎？

網路行銷究竟在做什麼？發現很多人會以為「網路行銷」就是在網路上賣東西，其實並不全然是。行銷學大師菲利普 ・ 科特勒說過，行銷是「創造、溝通、傳遞價值給目標顧客並獲得利益」。所以行銷做的是更細緻，讓你的公司、你的品牌能夠細水長流的事。

在商品一開始推出時，找到會購買你的商品的客戶是最基本、最重要的事。但若是跑錯地方呢？很多人聽過「賣梳子給和尚」的故事，那手法是業務做的事。行銷要做的事是：

1. 創造商品價值。
2. 與客戶有效溝通。
3. 傳遞商品價值。
4. 尋找目標客戶。

所以若在回教一條街裡面賣豬肉，嗯……怎麼辦？

1. 快跑啊！不然哩。（為什麼硬要在不對的地方做不對的事？）
2. 創造商品價值。（你若能創造回教徒買豬肉的價值……）

幾乎每次上課都會被問到，關於 Facebook 廣告投放要如何增加效益、減少花費？其實這還是和內容行銷有相當大的關係呀！除了平時的貼文和消費者有良好互動，下廣告時相對會有比較多人捧場外，廣告投放的效益主要有 2 點需要做好：

1. 廣告內容的貼文。也就是本書上面所敘述的，落落長那一大堆。

2. 正確的廣告受眾。也就是人類行為跟心理的研究，這都和本書所述息息相關。

許多人在學習尋找正確的廣告受眾時，常會以為就像是在學習尋找關鍵字一樣。事實上並不相同，因為 Facebook 最大的相異處就是，它收集了連你自己都不見得清楚的興趣與習慣。憑藉著這與眾不同的大數據，得以更精準地將你的訊息傳達給有興趣的這一群人。

因此，又回到了最上面的那一句話，Facebook 的經營，説穿了就是在經營人與人之間的關係。

《感謝》
感謝在人生路上認識的每一個人，
因為你們讓我成為了現在的自己。
雖然出書完全不在今年跟明年的計畫之中，
不過既然起風了，那就揚帆吧！
至於能飛多高、能飛多遠，路上再說。

國家圖書館出版品預行編目（CIP）資料

圖解臉書內容行銷有撇步！：突破 Facebook 粉絲團社群經營瓶頸 / 蔡沛君著. -- 四版. -- 臺北市：書泉出版社，2022.12
面； 公分
ISBN 978-986-451-286-7(平裝)

1.CST: 網路行銷 2.CST: 電子商務 3.CST: 網路社群

496　　111017882

3M83

圖解臉書內容行銷有撇步！突破 Facebook 粉絲團社群經營瓶頸

作　　者－蔡沛君
發 行 人－楊榮川
總 經 理－楊士清
總 編 輯－楊秀麗
主　　編－侯家嵐
責任編輯－侯家嵐
文字校對－許宸瑞
封面完稿－王麗娟
出 版 者－書泉出版社
地　　址：106 台北市大安區和平東路二段 339 號 4 樓
電　　話：(02)2705-5066
傳　　真：(02)2706-6100
網　　址：http://www.wunan.com.tw/shu_newbook.asp
電子郵件：shuchuan@shuchuan.com.tw
劃撥帳號：01303853
戶　　名：書泉出版社

總 經 銷：貿騰發賣股份有限公司
電　　話：(02)8227-5988　傳　　真：(02)8227-5989
網　　址：www.namode.com

法律顧問　林勝安律師事務所　林勝安律師

出版日期　2018 年 6 月初版一刷
2018 年 9 月初版二刷
2019 年 10 月二版一刷
2020 年 5 月三版一刷
2022 年 12 月四版一刷
定　　價　新臺幣 390 元

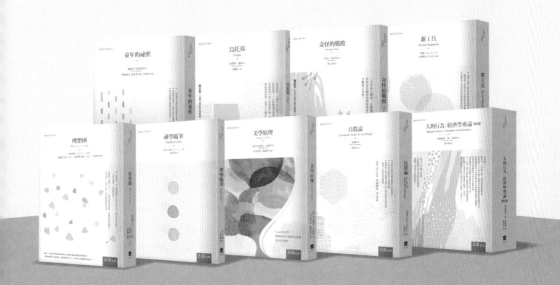